O PEQUI DA CHAPADA DO ARARIPE

Weverton Kariri

Copyright © 2021

Todos os direitos garantidos. Este é um livro publicado em acesso aberto, que permite uso, distribuição e reprodução em qualquer meio, sem restrições desde que sem fins comerciais e que o trabalho original do autor seja corretamente citado.

Autor: José Weverton Almeida Bezerra
Revisão: Felicidade Caroline Rodrigues e Rafael Pereira da Cruz
Capa: Iúrio Nascimento

José Weverton Almeida Bezerra (Weverton Kariri)

    O Pequi da Chapada do Araripe.
Independently published, 2021. 83 p.

ISBN: 9798714209550

    1. Cariri. 2. *Caryocar coriaceum*. 3. Pequi. 4 Extrativismo. I. Título.

                                                                                             CDD-580

Os conteúdos dos capítulos são de responsabilidade do autor. As fotos encontradas ao longo dos capítulos são citadas nas referências bibliográficas.

Agradecimentos

Aos *extrativistas* da Serra do Pequi em Jardim os quais contribuíram para a construção desse livro.

Ao ilustre cordelista *Zé da Cruz* da Serra Gravatá por seu cordel e seu valioso e vasto conhecimento popular.

À escritora *Fátima Teles* e aos escritores *Flávio Vieira* e *Flávio Morais* por serem minha fonte de inspiração.

Aos amigos *Felicidade Caroline, Rafael Cruz, Viviane Bezerra* e *Adrielle Rodrigues*, pelas inúmeras revisões.

Aos meus orientadores, Antonio Fernando e Maria Flaviana, por serem as bússolas de minha caminhada.

Ao ilustrador *Iúrio Nascimento* pela criação da capa deste livro.

Aos meus pais *Vilauba Almeida* e *Valmir Bezerra* por desde cedo terem introduzido na minha alimentação, o pequi, objeto deste livro.

"A gratidão é o único tesouro dos humildes."
William Shakespeare

"A essência da vida é andar para a frente; sem possibilidade de fazer ou intentar marcha atrás. Na realidade, a vida é uma rua de sentido único."
Agatha Christie

Sumário

Prefácio 6
Cordel: O Piqui e a Colheita 7
Capítulo 1 – Aspectos Históricos 9
Capítulo 2 - Extrativismo e Importância Cultural e Socioeconômica 23
Capítulo 3 – Aspectos Botânicos e Distribuição Geográfica 37
Capítulo 4 – Etnofarmacologia do Pequi 45
Capítulo 5 – Atividades Biológicas e Farmacológicas 53
Capítulo 6 - Fitoquíca 65
Capítulo 7 – Perspectivas de Conservação 75
Sobre o autor 83

Prefácio

Foi com muita honra e alegria que aceitei apresentá-los a este livro. A obra "O Pequi da Chapada do Araripe" é fruto de cuidadosa dedicação e devoção para com a ciência e por sua divulgação realizada pelo meu amigo, competente professor e pesquisador.

Natural de Iguatu/CE, Weverton Kariri despertou o interesse pela ciência desde muito cedo. Entrou na universidade ainda jovem e traz em seu currículo acadêmico a prova de todo seu empenho ao engrandecimento da pesquisa na região do Cariri. Vê-lo realizar o sonho de publicar seu primeiro livro e poder acompanhar e participar desse processo é, certamente, um momento de muita felicidade.

Ao longo dos sete capítulos que compõem esta obra, os leitores poderão ver a história dessa árvore sagrada para o Cariri, desde o aspecto ancestral do uso de plantas medicinais pelas populações humanas, passando pela "descoberta" e identificação do Pequi até elucidar o motivo de parte de sua tradição ter sido apagada e permanecer desconhecida. O livro perpassa pela importância cultural e econômica do pequi na região caririense, seus aspectos botânicos e múltiplos usos pela medicina popular. Os quais têm orientado as pesquisas acadêmicas evidenciando suas propriedades biológicas e farmacológicas e, também, os metabólitos responsáveis por tais atividades. O livro ainda traz uma reflexão acerca do que pode ser feito para garantir que a espécie não seja extinta e que toda a cultura associada a ela não se perca novamente.

Hoje sinto que você, leitor(a), tem em mãos um trabalho enriquecedor, que traz consigo um pedaço da história do Cariri e que despertou em mim o sentimento de pertencimento à região. Certamente será muito útil a todos aqueles que desejam conhecer a cultura e demais aspectos por trás desse fruto que traz vida e alegria para o povo caririense. Senti-me extremamente orgulhosa do amigo que cultivo e do livro que a sua paixão e o seu zelo pela pesquisa geraram. Resta-me agradecer e enfatizar a minha satisfação ao prefaciá-lo.

Felicidade Caroline Rodrigues
Mestra em Biologia Vegetal

O Piqui e a Colheita

Piqui é um fruto da terra
Nativo da natureza
Da Chapada do Araripe
Se implantou essa beleza
Do qual muita gente arruma
O pão para sua mesa.

De janeiro ao mês de março
É o tempo de colher
É um trabalho pesado
Mas é só o que se ver.
É gente colhendo piqui
Pra comer e pra vender.

A colheita do piqui
É um trabalho pesado
Tem que enfrentar a luta
Dentro do mato fechado
Mas quem vive na colheita
Já está acostumado.

É conhecido no Nordeste
No comércio do dinheiro
Ao invés de carne cara
Piqui também é tempero.
Faz medo é encontrar a onça
Debaixo de um piquizeiro.

Do piqui se extrai o óleo
Um remédio medicinal
Pra reumatismo, inchaço e ferimento
Ele é muito especial.
Além de curar a fome
Cura outros tipos de mal.

Em outras regiões do Brasil
Também existe piqui
Mas saboroso mesmo
Conhecido é o daqui
Da Chapada do Araripe
Na região do Cariri.

O piqui e aquela roça
Que algum rendimento trás
Tem alguém que colhe menos
Tem alguém que colhe mais.
E quando acaba é que se ver
A falta que o piqui faz.

Quem não gostar de piqui
Achar que ele é ruim
Me desculpe por que gosto
É uma tradição sem fim.
Se você gosta ou não gosta
Colher piqui é assim.

Zé da Cruz
Janeiro de 2021, Serra Gravatá, Jardim – CE

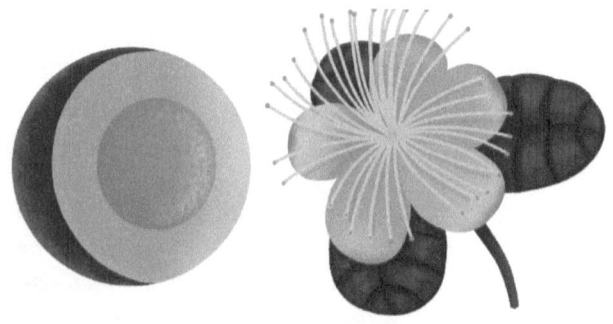

Capítulo 1
Aspectos Históricos

"Deus deixou essa árvore para dar esse fruto para ninguém morrer de fome. O pequi é vida."

Aparecido José da Silva

As plantas têm sido utilizadas como fontes alimentícias e medicinais desde os primórdios da humanidade, sendo encontrados registros escritos que datam de 5 mil anos, podendo ser encontrados em papiros egípcios, manuscritos chineses e Unani. Desde então as plantas são utilizadas como fitoterápicos para o tratamento de enfermidades, visto que são culturalmente aceitas, apresentam ampla distribuição geográfica e são acessíveis às populações mais carentes.

Mesmo com o avanço da medicina e das indústrias farmacêuticas, cerca de 75% da população mundial dependem ainda dos poderes curativos das plantas medicinais. Estas continuam sendo a base da fabricação de medicamentos prescritos para as mais variadas enfermidades. No Brasil, as plantas medicinais são amplamente utilizadas por diferentes comunidades, sendo o país, um dos 10 principais consumidores de tais recursos *in natura* ou na preparação de fitoterápicos. O emprego das plantas medicinais está relacionado à nossa riqueza cultural (povos indígenas, quilombolas, comunidades tradicionais, seringueiros, caiçaras, entre outros) e diversidade biológica vegetal encontrada ao longo do dos diversos domínios fitogeográficos brasileiros (Caatinga, Amazônia, Cerrado, Pantanal, Mata Atlântica e Pampa).

Essa diversidade foi evidenciada no século XIX na famosa obra Flora brasiliensis (Figura 1). Historicamente, a obra teve início em 1817, com a vinda da arquiduquesa Leopoldina (1797-1826) ao Brasil, que vinha casar-se com o futuro imperador Dom Pedro I. Nesta viagem, acompanhavam a arquiduquesa, o botânico Carl Friedrich Philipp von Martius (1794-1868) e o zoólogo Johann Baptist von Spix (1781-1826). A primeira impressão dos naturalistas ao chegarem ao porto do Rio de Janeiro foi:

> "Do azul escuro do mar, elevam-se as margens banhadas de sol e no meio do verde vivo destaca-se a brancura das casas, capelas, igrejas e fortalezas. Atrás levantam-se audaciosos rochedos de formas imponentes, cujas encostas ostentam em toda a plenitude a uberdade da floresta tropical. Odor ambrosiano derrama-se dessa soberba selva, e, maravilhado, passa o navegante estrangeiro por entre as muitas ilhas cobertas de majestosas palmeiras".

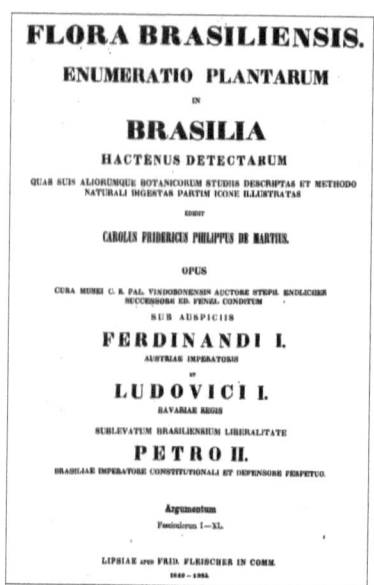

Figura 1. Página de rosto de um dos volumes da obra *Flora brasiliensis*.

Com a chegada no Brasil, os desbravadores realizaram uma série de expedições na vizinhança no Rio de Janeiro. Posteriormente, davam início à jornada ao longo do território brasileiro, os quais percorreram entre os anos de 1817 e 1820, chegando a transitar em torno de 10 mil quilômetros, passando por quase todos os principais tipos de vegetação do Brasil (Figura 2).

Figura 2. Percurso Brasil afora percorrido pelos naturalistas Carl Friedrich Philipp von Martius e Johann Baptist von Spix entre 1817 e 1820.

Ao término da expedição em 1820, os naturalistas embarcaram no mês de junho para a Europa e chegaram à Munique (capital de Bavária - Alemanha) em dezembro do mesmo ano. Chegando à capital, os dois iniciaram a publicação dos resultados da expedição, publicando primeiramente os relatos da própria viagem (*Reise in Brasilien*). Em termos numéricos, a expedição resultou na coleta de 20 mil exsicatas contendo em torno de 6.500 espécies vegetais, além de vários espécimes zoológicos e artefatos da cultura indígena.

Infelizmente, em 1826 a morte prematura de Spix pega Martius de surpresa, e este acaba ficando sozinho e responsável por terminar os últimos dois volumes, frutos da expedição. Além disso, o botânico ficou encarregado de revisar e publicar os resultados zoológicos, catalogados pelo seu colega de trabalho durante a viagem ao Brasil. Mesmo diante dos desafios impostos a Martius, ele publica as obras *Nova Genera et Species Plantaram, Icones Selectae Plantarum Cryptogamicarum Brasiliensium* e *Historia Naturalis Palmarum*.

Martius, tentou inicialmente em colaboração com seu amigo botânico Nees von Esenbeck (1776-1858), publicar a Flora do Brasil, mas acabara desistindo. Entretanto, foi encorajado pelo príncipe Klemens Wenzel von Metternich (1773-1859) a iniciar a publicação em uma escala maior. O projeto teve início em 1939, tendo como o primeito co-editor o botânico Stephan Ladislaus Endlicher (1804-1849) e posteriormente Eduard Fenzl (1808-1879). Dada a complexidade do trabalho, esse projeto contou com mais de 60 colaboradores, compostos de importantes botânicos alemães e europeus. O projeto recebeu apoio financeiro do imperador Ferdinando I (1793-1875) da Áustria, do rei Ludovico I (1786-1868) da Baviera e do imperador Dom Pedro II (1825-1891) do Brasil (Figura 3).

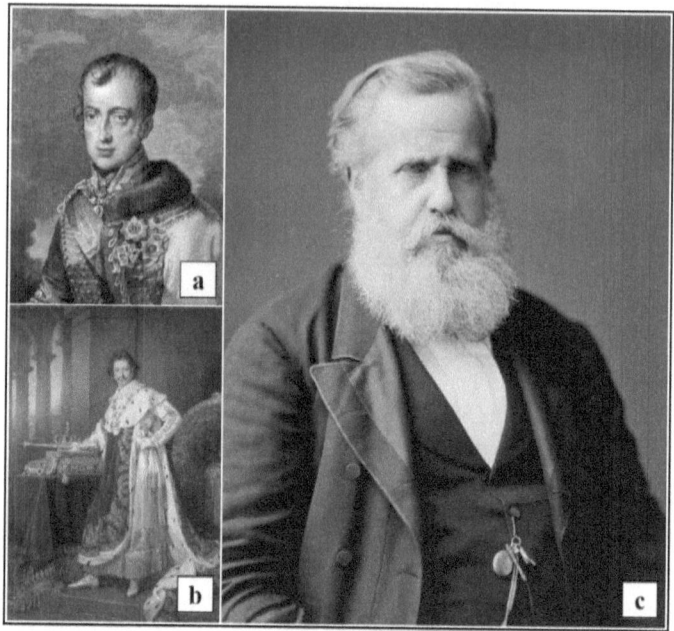

Figura 3. Financiadores do *Flora brasiliensis*. **a**: imperador Ferdinando I; **b**: rei Ludovico I; **c**: imperador Dom Pedro II.

Dentre os colabores do projeto, o botânico alemão Ludwig Wittmack (1839-1928), ficara responsável pela descrição da família Rhizoboleae (atual Caryocaraceae) a qual publicou em 1886 na primeira parte do volume 12 do *Flora brasiliensis* (Figura 4). Nesse trabalho, o autor compila as informações e pranchas (Figura 5) de espécies da referida família, distribuídos em dois gêneros: *Anthodiscus* G. Mey. e *Caryocar* L..

RHIZOBOLEAE.

EXPOSUIT

LUDOVICUS WITTMACK, Phil. Dr.
PROFESSOR BOTANICES ET CUSTOS MUSEI ACADEMIAE REG. AGRONOMICAE BEROLINENSIS.

Figura 4. a: Página inicial das descrições botânicas de espécies da família Rhizoboleae (atualmente Caryocaraceae); **b**: Ludwig Wittmack.

Este gênero *Caryocar* apresenta árvores que dão origem a frutos conhecidos no Brasil como "pequi", "piqui" e "pequiá", e são encontrados em domínios fitogeográficos variados, como Amazônia, Cerrado, Mata Atlântica e Caatinga. As espécies mais conhecidas deste gênero no Brasil, são o *Caryocar brasiliense* A.St.-Hil. (Figura 5) e *Caryocar coriaceum* Wittm., sendo esta, a que ocorre naturalmente no Ceará.

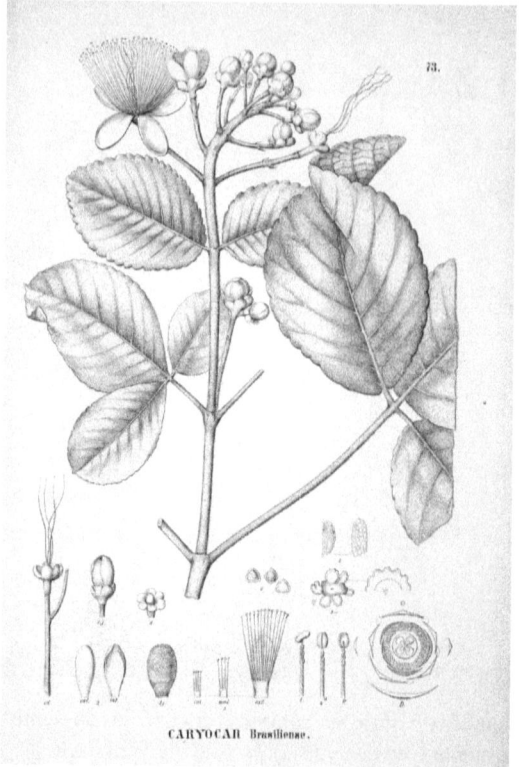

Figura 5. Ilustração de *Caryocar brasiliense* A.St.-Hil. oriundo do Flora brasiliensis.

Ainda no século XIX, mais precisamente em 9 de setembro de 1838, George Gardner (1810-1849), um botânico inglês que explorava o interior do Brasil, após uma longa viagem pelo território cearense, avistara a Vila Real do Crato (Figura 6) e se encantara com a beleza de contrastes que essa região apresentava. O estrangeiro relatou em seu livro "Viagem ao Interior do Brasil" (*Travels in the Interior of Brazil*) (Figura 7 e 8):

> "Impossível descrever o deleite que senti, ao entrar neste distrito, comparativamente rico e risonho, depois de marchar mais de trezentas milhas através de uma região que, naquela estação, era pouco melhor que um deserto. A tarde era das mais belas que me lembra ter visto, com o sol a sumir-se em grande esplendor por trás da Serra do Araripe, longa cadeia de montanhas, a cerca de uma légua para Oeste da Vila, e o frescor da região parece tirar aos seus raios o ardor que

pouco antes do poente é tão opressivo ao viajante, nas terras baixas. A beleza da noite, a doçura revigorante da atmosfera, a riqueza da paisagem, tão diferente de quanto, havia pouco, houvera visto, tudo tendia a gerar uma exultação de espírito, que só experimenta o amante da natureza e que, em vão eu desejava fosse duradoura, porque me sentia não só em harmonia comigo mesmo, mas "em paz com tudo em torno"."

Figura 6. Registro iconográfico da vista da Cidade do Crato em 14 de março de 1860 por José Reis de Carvalho (1800-1872) na sua expedição com Francisco Freyre Allemão (1797-1874), alguns anos após a visita de George Gardner.

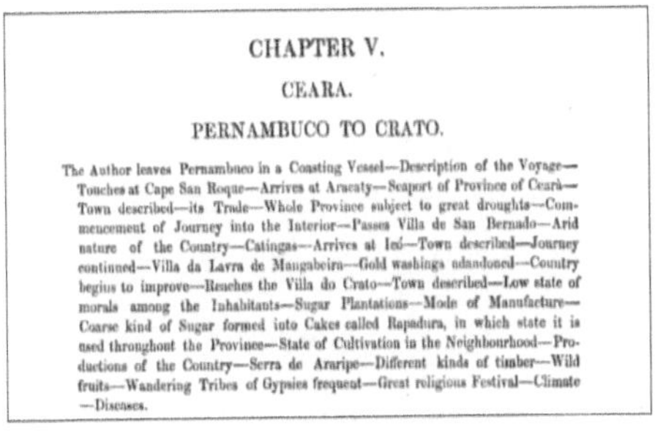

Figura 7. Recorte do capítulo 5 do livro "Viagem ao Interior do Brasil" publicado em 1849 por George Gardner relatando sua trajetória da província de Pernambuco à província do Ceará.

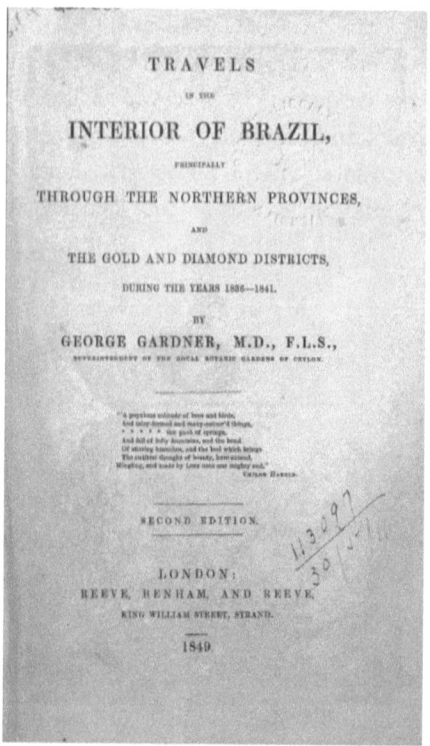

Figura 8. Folha de rosto da obra publicada por George Gardner, durante sua visita ao interior do Brasil no século XIX.

É neste mesmo livro que há os primeiros relatos do uso de *Caryocar coriaceum* (pequi). Nele, Gardner relata que seus frutos eram empregados na culinária e farmacopeia popular, além de sua madeira ser de alta qualidade, visto que era utilizada para a construção de moinhos. Contudo, durante a passagem do inglês na região, este não experimentou o sabor singular do fruto, visto que não estava na safra do produto.

Vale destacar que o pequi era conhecido muito antes da colonização da região do Cariri, visto que os nativos, os índios Kariri, utilizavam os seus frutos na alimentação e na sua medicina popular. Infelizmente, Portugal e a Igreja Católica com uma proposta colonizadora, executou o método dos aldeamentos, o que culminou na eliminação de práticas culturais dos índios como um todo. Com isso, suas práticas são desconhecidas atualmente. Figueiredo Filho detalha a riqueza da época:

"No cariri, tudo concorria a vida fácil e primitiva, com a natureza a fornecer, em abundancia a macaúba, babaçu, piqui, araçá e outras frutas silvestres, além da caça farta das matas, tudo isso nessa espécie de paraíso terreal, com dezenas e dezenas de córregos, riachos e extensos brejos.".

O único registro referente a coleta do pequi pelos grupos indígenas habitantes do Cariri é relativo a um artefato lítico da coleção arqueológica de referência do Museu Histórico do Crato. Trata-se de um pequi esculpido e pintado de verde, que provavelmente tinha uma função ritualística (Figura 9).

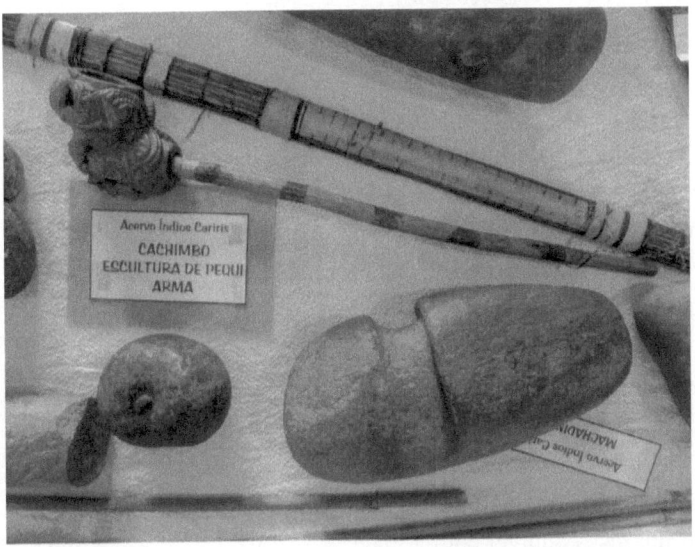

Figura 9. Artefatos líticos polidos pertencidos aos índios Kariri. Acervo do Museu Histórico do Crato.

A sensação que Garner descrevera ao chegar à Vila Real de Crato, era devido à Chapada do Araripe (Figura 10). Esta é um planalto localizado dentro do domínio da Caatinga no nordeste brasileiro entre os Estados do Ceará, Piauí e Pernambuco. Por possuir uma grande variação de altitude, esta apresenta uma variedade de fitofisionomias (Cerrado, Cerradão, Carrasco e Mata Úmida) e uma dinâmica ambiental diferente das demais áreas de Caatinga. E é nesse platô que ocorrem os pequizeiros, e as populações vivem do extrativismo de seus frutos.

Figura 10. Vista da Chapada do Araripe, localizada ao extremo Sul do Ceará.

Uma das maiores e mais antigas comunidades que vivem na Chapada do Araripe e que realizam extrativismo do pequi, é a comunidade Cacimbas, localizada no município de Jardim. Este agrupamento social teve inspiração para origem nos sermões e ações de Padre Cícero, o qual recomendou que romeiros habitassem as matas da região.

Como será detalhado em capítulos posteriores, essas comunidades migram para acampamentos localizados em rodovias, a fim de comercializarem os frutos. Essa prática começou na década de 80, sendo primeiramente implantados no interior da floresta, sendo realizado um extrativismo de forma insustentável com a mata nativa. Com isso, o Instituto Brasileiro do Meio Ambiente e da Natureza Recursos Renováveis (IBAMA) como medida preventiva, proibiu a permanência de pessoas por longos períodos na área, bem como a utilização de carroças e bois e no interior das áreas protegida. Visto que estes eram utilizados para abrir caminhos dentro das unidades de conservação, acarretando em uma mobilização popular no município de Jardim. Essa mobilização, sensibilizou um político local, Antonio de Sá Roriz, o qual doou terras que estão localizadas no entorno da Floresta Nacional do Araripe (FLONA), ao lado da rodovia CE 060, e plantou as primeiras sementes para a criação dos acampamentos. Desde então, implantou-se uma cultura acerca de pequi na região do Cariri, conferindo a esta espécie uma alta demanda devido à sua versatilidade na medicina e na culinária.

Referências bibliográficas

Braga, A., 2010. Devoção, lazer e turismo nas romarias de Juazeiro do Norte, CE: reconfigurações romeiras dos significados das romarias a partir de tensões entre as categorias turismo e devoção. **Journal for the Study of Religion**, 1(2), 149-161.

Brasil, 2005. **Plano de Manejo da Floresta Nacional do Araripe**. Instituto Brasileiro do Meio Ambiente e dos Recursos Naturais Renováveis (IBAMA), Brasília, 233 p.

Cavalcanti, M.C.B., Ramos, M.A., Araújo, E.L., Albuquerque, U.P., 2015. Implications from the use of non-timber forest products on the consumption of wood as a fuel source in human-dominated semiarid landscapes. **Environmental Management**, 56(2), 389-401.

Cavalcanti, M.C.B.T., Campos, L.Z.O., Sousa, R.S., Albuquerque, U.P., 2015. Pequi (*Caryocar coriaceum* Wittm., Caryocaraceae) oil production: A strong economically influenced tradition in the Araripe region, northeastern Brazil. **Ethnobotany Research and Applications**, 14(s/n), 437-452.

Figueiredo-Filho, J., 2010. **Cidade do Crato**. (edição Fac-símile a de 1955) Coleção Secult\Edições URCA. Fortaleza: Edições UFC.

Gardner, G., 1975. **Viagem ao Interior do Brasil**. (Trad. Milton Amado). Belo Horizonte: Ed. Itatiaia; São Paulo: Ed. da Universidade de São Paulo.

Gonçalves, C.U., 2007. A organização dos piquizeiros na Chapada do Araripe. **Revista Agriculturas**, 23(2), 21-23.

Guimarães, M., Oliveira, M., 2006. **Von Martius: Viajante-Naturalista-Historiador**. Revista Eletrônica de jornalismo científico. Disponível em: https://www.comciencia.br/comciencia/handler.php?section=8&edicao=14&id=128&tipo=0

Maciel, T.C.M., Marco, C.A., Silva, E.E., Silva, T.I.D., Santos, H.R.D., Freitas-Júnior, S.D. P., Alcantara, F.D.O., Chaves, M.M., 2018. Pequi (*Caryocar coriaceum* Wittm.) extrativism: situation and perspectives for its sustainability in Cariri Cearense, Brazil. **Acta Agronômica**, 67(2), 238-245.

Madaleno, I.M., 2011. **Plantas da medicina popular de São Luís, Brasil**. Boletim do Museu Paraense Emílio Goeldi. Ciências Humanas, 6(2), 273-286.

Magalhães, K.N., Guarniz, W.A.S., Sá, K.M., Freire, A.B., Monteiro, M.P., Nojosa, R.T., Bieski, I.G.C., Custódio, J.B., Balogun, S.O., Bandeira, M.A.M., 2019. Medicinal plants of the Caatinga, northeastern Brazil: Ethnopharmacopeia (1980–1990) of the late professor Francisco José de Abreu Matos. **Journal of Ethnopharmacology**, 237(s/n), 314–353.

Novaes, R.L.M., Laurindo, R.D.S., 2014. Morcegos da Chapada do Araripe, Nordeste do Brasil. **Papéis avulsos de Zoologia**, 54(22), 315-328.

Oliveira, A.J., 2016. Processo de "Invisibilidade" dos Índios Kariri nos Sertões dos Cariris Novos na Segunda Metade do Século XIX. Clio, 34(2), 270-289.

Oliveira, S.G.D., Moura F.R.R., Demarco, F.F., Nascente, P.S., Pino, F.A.B.D., Lund, R.G., 2012. An ethnomedicinal survey on phytotherapy with professionals and patients from Basic Care Units in the Brazilian Unified Health System. **Journal of Ethnopharmacology**, 140(s/n), 428–437.

Sampaio, E.V.S.B., Andrade-Lima, D.D., Gomes, M.F., 1981. O gradiente vegetacional das caatingas e áreas anexas. **Revista Brasileira de Botânica**, 4(1), 27-30.

Silva, J.J., 2013. O olhar de Padre Cícero sobre as relações sociedade natureza e sua importância na formação de núcleos rurais no Cariri cearense. **Vozes, Pretérito & Devir: Revista de história da UESPI**, 1(1), 181-201.

Sousa-Júnior, J.R., Albuquerque, U.P., Peroni, N., 2013. Traditional knowledge and management of *Caryocar coriaceum* Wittm. (Pequi) in the brazilian savanna, northeastern brazil. **Economic Botany**, 67(3), 225-233.

Sousa-Júnior, J.R., Santos, G.C., Campos, L.Z.O., Sousa, R.S., Cordeiro, P.S., Almeida, A.L.S., Cavalcanti, M.C.B., Albuquerque, U.P., 2015. O pequi (*Caryocar coriaceum* Wittm. - Caryocaraceae) na Chapada do Araripe. In: Albuquerque, U.P., Meiado, M.V. (org.). **Sociobiodiversidade na Chapada do Araripe**, Recife: NUPEEA, 535 p.

Capítulo 2
Extrativismo e Importância Cultural e Socioeconômica

"Tem pequi para todo mundo e ainda sobra. Vamos ficar em torno de quatro, cinco dias acampado aqui. No final vai dar para tirar uns R$ 1.500 a R$ 2 mil. Esse dinheiro dura uns seis meses pra mim."

Odailo José de Souza

Os frutos de pequi (*Cariocar coriaceum* Wittm.) são de extrema importância socioeconômica para famílias de comunidades extrativistas da Chapada do Araripe, chegando a participar de até 80% da renda total familiar. Para tanto, o trabalho é árduo, visto que o extrativismo desse fruto inclui um conjunto de atividades como coleta, transporte, processamento e comercialização seja "*in natura*" ou de seus derivados (óleo e lambedor), os quais participam todos os membros da família.

Inicialmente, as famílias estabelecem acampamentos no entorno da floresta no início de dezembro, próximo às rodovias, para facilitar a coleta e comercialização dos frutos aos motoristas que trafegam por ali. Os acampamentos mais conhecidos da região são o Barreiro Novo, Estoque, Barreiro de Maria Cheque e Siliqueira, os quais estão localizados no município de Jardim – CE, e recebem famílias do distrito de Horizonte (Jardim - CE) e de outros municípios da região do Araripe (Figura 01).

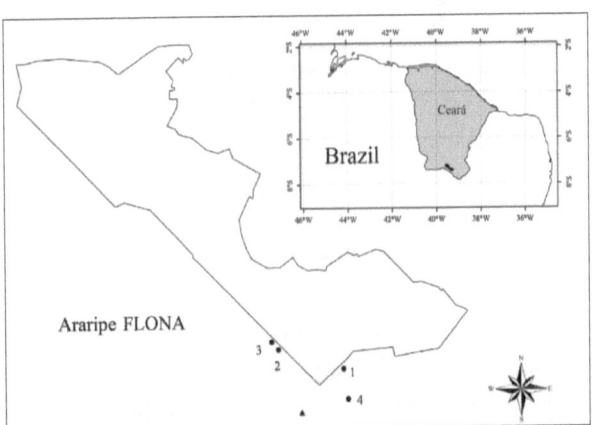

Figura 1. Localização dos assentamentos de (1) Barreiro Novo, (2) Barreiro de Maria Cheque, (3) Siliqueira, (4) Estoque; triângulo preenchido = Comunidade Cacimbas próximos à Floresta Nacional do Araripe (FLONA Araripe) no sul do estado do Ceará, no Nordeste do Brasil. Fonte: Cavalcanti et al. (2015).

Tais acampamentos são construções simples de madeira e argila, e em alguns casos apenas com palha, com raras exceções de tijolo (Figura 2). Trazendo riscos à saúde dos habitantes, como por exemplo, o contato com triatomíneos, insetos vetores de *Trypanosoma cruzi*, causador da doença de Chagas, os quais vivem em frestas dos acampamentos. Devido à distância dos acampamentos à sede do município, não há água potável nesses locais, sendo a única fonte de água potável os caminhões-pipa que passam abastecendo a cada quinze dias.

Figura 2. Casas de taipa no assentamento Barreiro Novo, utilizadas pelos extrativistas da comunidade Horizonte (Cacimbas), Jardim – CE.

Após o assentamento nos acampamentos, inicia o processo de coleta de frutos na floresta. Essa atividade é realizada por todos os membros da família, sendo que as mulheres e crianças coletam nas áreas mais próximas do acampamento e os homens, devido à sua resistência física, embrenham-se nas matas fechadas para colheita dos frutos. O pico da queda dos frutos acontece por volta das 15:00 horas, devido provavelmente a uma maior produção de gás etileno nas árvores, o qual está estritamente relacionado à alta temperatura no ambiente, acarretando consequentemente na abscisão das células que ligam os frutos ao galho. Dessa forma, os coletores deixam para coletar no dia seguinte, em torno das 4:00 horas da manhã, devido a uma maximização dos frutos caídos e por nesse horário o clima ser mais ameno.

Vale ressaltar que, a coleta dos frutos não pode ser diretamente da árvore, visto que o produto ainda está imaturo, consequentemente afeta o consumidor final ao gerar um produto de qualidade inferior à fruta colhida no solo. Com isso, a comunidade de catadores estabelece certas regras para a colheita do pequi, como coletar somente os frutos caídos e não balançar as árvores. Entretanto, há extrativistas que ocasionalmente não seguem essas regras, de forma que coletam frutos imaturos, quando não encontram eles no chão.

Durante a coleta, os catadores utilizam os recursos que a própria floresta oferta para sua alimentação. Dentre os recursos, destacam-se os frutos de araçá (*Psidium* sp.), cambuí (*Myrciaria* sp.), cajuí (*Anarcadium occidentale* L.); murici (*Byrsonima sericea* DC.), araticum (*Annona coriacea* Mart.), mangaba (*Hancornia speciosa* Gomes) e maracujá-peroba (*Passiflora laurifolia* L.) (Figura 3).

Figura 3. Frutos nativos da Chapada do Araripe utilizados para consumo durante a coleta de pequi (*Caryocar coriaceum* Wittm.). **a**: murici (*Byrsonima sericea* DC.); **b**: araticum (*Annona coriacea* Mart.); **c**: mangaba (*Hancornia speciosa* Gomes); **d**: maracujá-peroba (*Passiflora laurifolia* L.).

Após todo o processo de coleta, os catadores caminham até os acampamentos familiares, com sacos cheios de pequi, ou transportam eles com o auxílio de bicicletas, motocicletas ou até mesmo, carros (Figura 4). Ao regressar aos acampamentos, os extrativistas iniciam a classificação dos frutos de acordo com seu tamanho, sendo o pequeno designado como "escolha" e os grandes como "escolhido". Estes, devido ao maior porte, são destinados à comercialização, e os menores ao processamento para produção de óleo.

Figura 4. Carro do tipo D20, comumente utilizada para o transporte de pequi (*Caryocar coriaceum* Wittm.).

O processamento é realizado por meio de uma técnica denominada de "rolagem", a qual consiste em girar em torno do fruto um objeto de superfície afiada, geralmente uma faca, de forma que a casca é cortada em duas partes. É necessária toda cautela possível para não cortar a semente, as quais são retiradas de dentro do fruto com uma leve pressão aplicado sobre o mesmo. Essa atividade é realizada por todos os membros da família, exceto as crianças, devido ao uso de objetos cortantes, mas estas podem observar afim de aprenderem a técnica com os mais experientes.

Após a rolagem, as cascas podem ser utilizadas como forragem para os animais (suínos e bovinos) ou fertilizantes, sendo lançadas nas lavouras. Entretanto, poucos extrativistas realizam esses procedimentos, sendo o mais comum o descarte das cascas nas proximidades do acampamento, acarretando na propagação de insetos e outras pragas. E isso em algum momento, ocasionará um desequilíbrio ambiental, podendo também mudar a aparência aos arredores da Unidade de Conservação da Floresta Nacional do Araripe (FLONA-Araripe). As outras partes dos frutos (sem casca), que são chamados de "caroço", ficam acondicionadas em cestos de palha até o momento de extração do óleo.

Para essa produção tradicional do óleo, é utilizada madeira como combustível, para o cozimento dos caroços, a qual é oriunda da própria floresta. Algumas famílias extraem o óleo utilizando gás liquefeito, mas devido ao seu alto valor no mercado comercial e o rendimento ser menor, essa prática não é tão comum. Os responsáveis por essa extração são os homens, os quais adentram na floresta em busca de madeira seca, visto que a coleta de madeira verde é proibida na floresta pelos órgãos ambientais, além de não acender.

Um total de 28 espécies madeireiras são utilizadas para a produção do óleo de pequi. Sendo as espécies com maior frequência de uso: faveira (*Dimorphandra gardneriana* Tul.), pau-terra (*Qualea parviflora* Mart.), sucupira (*Bowdichia virgilioides* Kunth), pequizeiro (*C. coriaceum*), murici (*Byrsonima sericea* DC.) e cheiroso (*Ocotea* sp.). Juntamente com essas espécies, outras são utilizadas preferencialmente para a produção de lenha, como por exemplo, *Albizia pedicellaris* (DC.) L. Rico (amarelo) e *Parkia platycephala* Benth. (visgueiro). Em números, estima-se que haja, pelo menos, uma queima anual de 203 m^3 de lenha proveniente da floresta, o qual pode gerar uma pressão de uso significativo sobre as populações vegetais. Legalmente falando, há uma regulação específica sobre a retirada de lenha seca da floresta a qual é direcionada para uso doméstico e não para a produção de óleo, sendo este desencorajado nas proximidades da floresta.

Essa coleta é realizada pouco tempo antes do início das safras, afim da otimização de tempo. Com a lenha nos acampamentos e os frutos rolados, dar-se início à produção artesanal do óleo de pequi. Para tanto, aproximadamente 7 mil caroços (chegando a 15 mil) são colocados em caldeiras de ferro feitas de refrigeradores que apresentam uma capacidade de 318 L, juntamente com água. Abaixo dessas caldeiras são escavados buracos os quais comportarão a lenha seca, para dar origem a uma fogueira (Figura 5).

Figura 5. Processo de cozimento do pequi (*Caryocar coriaceum* Wittm.) em caldeiras para a produção de óleo no acampamento Barreiro Novo, Jardim – CE.

O processo de produção do óleo é árduo, pois a primeira etapa pode chegar até 5 horas de cozimento, até obter uma solução de cor acastanhada e o mesocarpo interno ficar macio. Após esse processo, os caroços são friccionados com o auxílio de um ralador, constituído de um cabo de madeira e um cilindro de metal repleto de pontas afiadas, afim de separar o mesocarpo do epicarpo espinhoso. O trabalho consiste em movimentos repetitivos dentro das caldeiras, conferindo no final do processo uma cor castanha mais escura e principalmente uma consistência pastosa.

Após o referido processo, os caroços não despolpadas são removidos, com o auxílio de uma escumadeira artesanal, das caldeiras. Antes de serem desprezados, os mesmos são lavados com água potável e a solução retorna à caldeira. Esta por sua vez continua no processo de cozimento, com o intuito de ocorrer a aglutinação do óleo. Para tanto, os extratores passam cinco horas continuamente mexendo a solução na caldeira com o auxílio de um pedaço de madeira, geralmente do próprio tronco do pequizeiro. Esta fase merece cuidado, pois o óleo pode acabar sendo cozinhado por tempo superior ao ideal, acarretando na perca de suas propriedades medicinais e alterações nas propriedades organolépticas.

Um fator cultural importante do processo final do cozimento, é que os produtores de óleo devem tomar o máximo de cuidado para que pessoas conhecidas por terem "mau-olhado" não se aproximem das caldeiras. Esse "mau-olhado", é uma crença folclórica de que a inveja de alguém, demonstrada pelo olhar, pode vir a ocasionar a degradação de um produto. Como medida preventiva, os moradores adicionam às caldeiras, amuletos culturais, dentre eles os ramos de pinhão-roxo (*Jatropha gossypiifolia* L.) (Figura 6), dois pedaços de carvão, ou até mesmo uma pequena quantidade de areia do local que a pessoa havia caminhado.

Figura 6. Indivíduo de pinhão-roxo (*Jatropha gossypiifolia* L.) próximo ao acampamento Barreiro Novo, Jardim – CE.

Por fim, por meio da aglutinação, há o aparecimento de pontos amarelo-escuros, criando uma camada superficial de óleo na solução das caldeiras. Com o devido cuidado, a solução lipídica é separada da solução aquosa e levado novamente ao fogo por duas horas, e posteriormente filtrado e engarrafado, para poder ser comercializado ou utilizados pelas próprias famílias. Vale ressaltar que o óleo pode ser extraído do caroço ou da amêndoa. A diferença final está na qualidade do produto, pois o óleo oriundo das amêndoas é mais puro por apresentar uma coloração mais clara. Entretanto, esta extração é mais árdua, devido ao epicarpo ser do tipo espinhoso, o qual pode ocasionar acidentes durante o seu corte e manuseio. Devido a este conjunto de fatores, o óleo das amêndoas apresenta um maior custo no mercado comercial.

Após o processamento, os frutos e óleo são comercializados às beiras das rodovias estaduais, principalmente a CE-060, que liga o estado do Ceará ao Pernambuco (Figura 7). O preço dos frutos varia de acordo com o período de compra, sendo de maior valor aquisitivo no início e final da safra. Medianamente, dentro da floresta, o valor do produto é baixo, sendo o cento de frutos vendido pelos extrativistas a R$ 10,00, à medida que o fruto vai sendo transportando o seu valor aumenta, sendo negociado nas rodovias por R$ 20,00, e no centro das cidades vizinhas (Crato, Juazeiro, Barbalha e Jardim) a R$ 33,00. Enquanto que o óleo apresenta um maior valor comercial em virtude do seu processamento, sendo o litro vendido a R$ 70,00 durante a safra do pequi. Alguns extrativistas armazenam o óleo e vendem ele na entressafra (maio a novembro), visto que o produto dobra de valor. Além dos frutos e seus derivados, os extrativistas comercializam outros produtos, como mel e frutos de maracujá-peroba (*P. laurifolia*), macaúba (*Acrocomia intumescens* Drude) e jaca (*Artocarpus heterophyllus* Lam.).

Figura 7. Sacos contendo frutos de pequi (*Caryocar coriaceum* Wittm.) para comercialização na beira da estrada da CE-060 – Jardim – CE.

A comercialização do óleo é impulsionada principalmente pelas romarias, que são peregrinações a locais religiosos ou de devoção, que acontecem anualmente na cidade de Juazeiro do Norte em devoção ao Padre Cícero (1844-1934), um grande líder religioso e político da região. Dentre as romarias que são mais rentáveis, estão as que ocorrem no período da entressafra, como Aniversário de Morte do Padre Cícero (20 de julho),

Romaria de Nossa Senhora das Dores (15 de setembro), Romaria de São Francisco das Chagas (04 de outubro) e a Romaria de Finados (30 outubro a 01 de novembro), as quais atraem milhares de fiéis de todo o Brasil que compram os produtos de pequi para fins medicinais, alimentares e comerciais.

Ao final de toda a safra do pequi, ocorre manifestações culturais importantes na região, tais como a "Festa dos Pequis". Esta, ocorre durante dois dias, geralmente no mês de março, durante esse período ocorre a Santa Missa de Ação de Graças, competições de captura de bovinos e atrações musicais regionais (forró). Tais eventos são utilizados para comemorar e agradecer mais um ano de coleta, bem como celebrar e reunir amigos e familiares. Tradicionalmente são preparadas receitas as quais utilizem os frutos do pequizeiro na sua preparação, tais como o baião de dois (junção de arroz e feijão), munguzá (alimento o qual se utiliza milho, feijão, derivados de carne suína e verduras) e a famosa pequizada, a qual é preparada à base de leite, condimentos e pequi.

Referências bibliográficas

Augusto, L.G.D.S., Góes, L., 2007. Compreensões integradas para a vigilância da saúde em ambiente de floresta: o caso da Chapada do Araripe, Ceará, Brasil. **Cadernos de Saúde Pública**, 23(4), 549-558.

Braga, A., 2010. Devoção, lazer e turismo nas romarias de Juazeiro do Norte, CE: reconfigurações romeiras dos significados das romarias a partir de tensões entre as categorias turismo e devoção. **Journal for the Study of Religion**, 1(2), 149-161.

Brasil, 2005. **Plano de Manejo da Floresta Nacional do Araripe**. Instituto Brasileiro do Meio Ambiente e dos Recursos Naturais Renováveis (IBAMA), Brasília, 233 p.

Cavalcanti, M.C.B.T., Campos, L.Z.O., Sousa, R.S., Albuquerque, U.P., 2015. Pequi (*Caryocar coriaceum* Wittm., Caryocaraceae) oil production: A strong economically influenced tradition in the Araripe region, northeastern Brazil. **Ethnobotany Research and Applications**, 14(s/n), 437-452.

Cavalcanti, M.C.B., Ramos, M.A., Araújo, E.L., Albuquerque, U.P., 2015. Implications from the use of non-timber forest products on the consumption of wood as a fuel source in human-dominated semiarid landscapes. **Environmental Management**, 56(2), 389-401.

Comblin, J., 2014. **Padre Cícero de Juazeiro**. Pia Sociedade de São Paulo-Editora Paulus, 48 p.

Duarte, C.M., Pereira, A.M.B., Pereira, P.S., Barros, L.M., Duarte, A.E., 2016. A religiosidade e o turismo em uma cidade do interior do Ceará. **Revista Científica Internacional**, 11(2), 136-191.

Ferreira-Júnior, W.S., Santoro, F.R., Nascimento, A.L.B., Avilez, W.M.T., Zank, S., Silva, N.F., Albuquerque, U.P., Araújo, E.L., 2015. Check-list das plantas medicinais na Chapada do Araripe. In: Albuquerque, U.P., Meiado, M. V. (org.). **Sociobiodiversidade na Chapada do Araripe**, Recife: NUPEEA, 535 p.

Gonçalves, C.U., 2007. A organização dos piquizeiros na Chapada do Araripe. **Revista Agriculturas**, 23(2), 21-23.

Lacerda-Neto, L.J., Ramos, A.G.B., Vidal, C.S., 2013. Serviços ecossistêmicos: o caso do *Caryocar coriaceum* Wittm. (pequi) na Chapada do Araripe. **Revista Brasileira de Biologia e Farmácia**, 9(2), 34-40.

Maciel, T.C.M., Silva, T.I., Alcantara, F.D.O., Marco, C.A., Ness, R.L.L., 2017. Substrato à base de pequi (*Caryocar coriaceum*) na produção de mudas de tomate e pimentão. **Journal of Neotropical Agriculture**, 4(2), 9-16.

Maciel, T.C.M., Marco, C.A., Silva, E.E., Silva, T.I.D., Santos, H.R.D., Freitas-Júnior, S.D. P., Alcantara, F.D.O., Chaves, M.M., 2018. Pequi (*Caryocar coriaceum* Wittm.) extrativism: situation and perspectives for its sustainability in Cariri Cearense, Brazil. **Acta Agronômica**, 67(2), 238-245.

Neto, L., 2009. **Padre Cícero: poder, fé e guerra no sertão**. Companhia das Letras, 560 p.

Silva, A.T., 2020. Almoçando entre os romeiros de Padre Cícero: Memórias do escultor Agostinho Balmes Odísio sobre práticas alimentares no interior do Ceará (1934-1935). **História e Cultura**, 9(2), 227-243.

Silva, R.R.V., Gomes, L.J., Albuquerque, U.P., 2017. What are the socioeconomic implications of the value chain of biodiversity products? A case study in Northeastern Brazil. **Environmental monitoring and assessment**, 189(2), 64-74.

Silva, R.R., Gomes, L.J., Albuquerque, U.P., 2015. Plant extractivism in light of game theory: a case study in northeastern Brazil. **Journal of Ethnobiology and Ethnomedicine**, 11(1), 1-7.

Sobral, A., La Torre, M.D.L.Á., Alves, R.R.N., Albuquerque, U.P., 2017. Conservation efforts based on local ecological knowledge: The role of social variables in identifying environmental indicators. **Ecological Indicators**, 81(s/n), 171-181.

Sousa-Júnior, J.R., Albuquerque, U.P., Peroni, N., 2013. Traditional knowledge and management of *Caryocar coriaceum* Wittm. (Pequi) in the brazilian savanna, northeastern brazil. **Economic Botany**, 67(3), 225-233.

Sousa-Júnior, J.R., Collevatti, R.G., Neto, E.M.F.L., Peroni, N., Albuquerque, U.P., 2016. Traditional management affects the phenotypic diversity of fruits with economic and cultural importance in the Brazilian Savanna. **Agroforestry Systems**, 92(1), 11-21.

Sousa-Júnior, J.R., Santos, G.C., Campos, L.Z.O., Sousa, R.S., Cordeiro, P.S., Almeida, A.L.S., Cavalcanti, M.C.B., Albuquerque, U.P., 2015. O pequi (*Caryocar coriaceum* Wittm. - Caryocaraceae) na Chapada do Araripe. In: Albuquerque, U.P., Meiado, M.V. (org.). **Sociobiodiversidade na Chapada do Araripe**, Recife: NUPEEA, 535 p.

O PEQUI DA CHAPADA DO ARARIPE

Capítulo 3
Aspectos Botânicos e Distribuição Geográfica

"Deus deixou essa árvore para dar esse fruto para ninguém morrer de fome. O pequi é vida."

Aparecido José da Silva

A árvore brasileira *Caryocar coriaceum* Wittm. é pertencente ao gênero *Caryocar* L., da família Caryocaraceae, da ordem Malpighiales, da classe Magnoliopsida, da divisão Magnoliophyta, do reino Plantae. A etimologia do gênero é grega, em que *caryon* significa "núcleo" ou "noz", enquanto que *kara* significa "cabeça", referindo-se ao fruto globoso da espécie, já o epíteto específico *coriaceum* refere-se à "textura de couro", "grosso" e "rígido". A espécie é conhecida popularmente como "pequi", "piqui" ou "pequizeiro", tendo origem indígena (*py-qui*), onde py = pele ou casca e qui = espinho, significando "casca espinhenta", decorrente dos espinhos encontrados no epicarpo do fruto.

Morfologicamente, essa espécie arbórea tem um comprimento que varia de 5 a 15 m de altura, com um tronco que chega a 35 cm de diâmetro, apresentando uma madeira com densidade de 0,78 g/cm3. Esses troncos possuem cascas espessas, ramos grossos e angulosos, que podem crescer para os lados da planta ou próximo ao solo, os quais destacam a espécie das demais nas áreas de Cerrado (Figura 1).

Nesses galhos surgem folhas compostas trifolioladas com filotaxia oposta, cada uma com pecíolos medindo de 1,5 a 4 cm de comprimento. Tais folíolos medem de 3,7 a 7 cm de comprimento e 5 a 10 cm de largura, são curtamente peciolulados, apresentando um limbo em formado oval, sendo o ápice arredondado ou ligeiramente retuso e a base subcuneada. Nas laterais, essas estruturas são serreadas ou crenadas, além disso, seu limbo é glabro, tanto na face abaxial, quanto adaxial, com venação do tipo broquidódroma e uma textura coriácea (Figura 1).

Referente às partes reprodutivas, a espécie apresenta inflorescências do tipo racemo densifloro com pedúnculo que medem de 2,5 a 8,5 cm, cada uma das estruturas apresenta em torno de 10 a 16 flores hermafroditas. As flores são compostas por inúmeros e extravagantes estames, chegando a cerca de 300 por flor, um gineceu contendo ovário globoso tri ou tetralocular, um cálice composto de 5 sépalas de coloração verde-avermelhada e uma corola dialipétala contendo 5 pétalas de cor amarelo-claro (Figura 1).

Figura 1. Pequi (*Caryocar coriaceum* Wittm.). **a**: hábito; **b**: caule; **c**: Folhas; **d**: Flor e botões florais; **e**: fruto; **f**: fruto com endocarpo (espinhos) expostos após parte do fruto ser removidos por formigas.

Um único indivíduo dessa espécie é capaz de gerar de 500 a 2.000 frutos após a polinização de suas flores (autopolinização, pássaros e morcegos) (Figura 2), esses diásporos são do tipo drupa ovoide, que apresentam dimensões variando de 4 a 7 cm de comprimento e 6 a 8 cm de diâmetro, tendo uma massa variando de 100 a 220 g. Ele é formado por um epicarpo coriáceo verde-claro, mesocarpo externo esbranquiçado, e interno carnoso com uma coloração oscilando do amarelo-creme ao amarelo-intenso e, algumas vezes, alaranjada, possuindo um endocarpo espinhoso que protege a semente.

Geralmente, cada fruto contém um caroço, que é chamado de putâmen, entretanto, em alguns casos pode haver três ou quatro caroços, quando os demais ovários são fecundados e desenvolvidos. Estudos fenológicos mostraram que o florescimento da espécie ocorre de junho a outubro, e a maturação de seus frutos inicia em outubro indo até março

Figura 2. Polinização das flores do pequi do Cerrado (*Caryocar brasiliense* A.St.-Hil.) por morcego. Fonte: Carvalho (2020).

A espécie frutífera é nativa e endêmica do Brasil, sendo encontrada principalmente na região setentrional do Nordeste brasileiro nos estados da Bahia, Piauí, Pernambuco, Maranhão e Ceará. Neste último, a presença da espécie é mais abundante devido apresentar áreas de proteção ambiental (APA), como a APA-Araripe e a Floresta Nacional do Araripe (FLONA) (Figura 3). Dentre os municípios do estado do Ceará há registros de coleta para Araripe (município de número 4 no mapa), Santana do Cariri (5), Nova Olinda (6), Crato (7), Barbalha (8), Missão Velha (9), Brejo Santo (11), Porteiras (12) e Jardim (13).

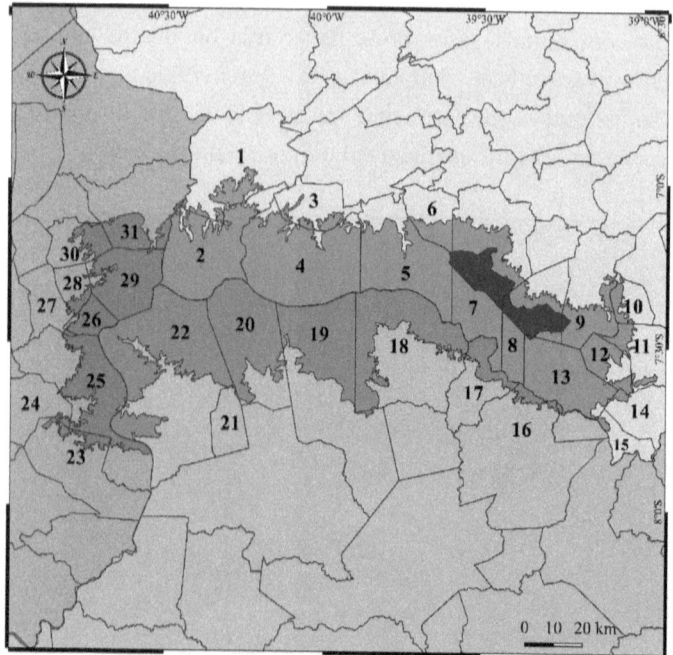

Figura 3. Mapa da Área de Proteção Ambiental do Araripe (APA-Araripe). (1): Campos Sales; (2): Salitre; (3) Potengi; (4): Araripe; (5) Santana do Cariri; (6): Nova Olinda; (7): Crato; (8): Barbalha; (9): Missão Velha; (10) Abaiara; (11): Brejo Santo; (12) Porteiras; (13): Jardim; (14): Jati; (15): Penaforte; (16): Serrita; (17): Moreilândia; (18): Exu; (19): Bodocó; (20): Ipubi; (21): Trindade; (22): Araripina; (23): Curral Novo do Piauí;(24): Caridade do Piauí; (25) Simões; (26) Marcolândia; (27): Padre Marcos; (28): Francisco Macedo; (29): Calderão Grande; (30): Alegrete do Piauí; (31): Fronteiras.

Na Chapada do Araripe, *C. coriaceum* ocorre em encraves de Cerrado, esta vegetação ocorre no topo da chapada, e é caracterizada por ser uma vegetação savânica semidecídua. Ela recobre solos lixiviados aluminizados, sendo responsável pelos galhos e troncos tortuosos, apresentando sinúsias de hemicriptófitos, criptófitos-geófitos, caméfitos e fanerófitos, tortuosos com ramificação irregular, perenes ou decíduos, às vezes com córtex bem desenvolvido.

Referências bibliográficas

Bezerra, J.S, Linhares, K.V., Calixto-Júnior, J.T.C., Duarte, A.E., Mendonça, A.C.A.M., Pereira, A.E.P., Maria Edenilce Peixoto Batista, M.E.P., Bezerra, J.W.A., Campos, N.B., Pereira, K.S., Sousa, J.D., Silva, M.A.P., 2020. Floristic and dispersion syndromes of Cerrado species in the Chapada do Araripe, Northeast of Brazil. **Research, Society and Development**, 9(9), 1-33.

Campos, L.Z., Nascimento, A.L.B., Albuquerque, U.P., Araújo, E.L., 2018. Use of local ecological knowledge as phenology indicator in native food species in the semiarid region of Northeast Brazil. **Ecological Indicators**, 95(s/n), 75-84.

Cavalcanti, M.C.B., Ramos, M.A., Araújo, E.L., Albuquerque, U.P., 2015. Implications from the use of non-timber forest products on the consumption of wood as a fuel source in human-dominated semiarid landscapes. **Environmental Management**, 56(2), 389-401.

Conceição, G.M., Castro, A.A.J.F., 2009. Fitossociologia de uma área de cerrado marginal, Parque Estadual do Mirador, Mirador, Maranhão. **Scientia Plena**, 5(10), 1-16.

Costa, I.R.D., Araújo, F.S.D., 2007. Organização comunitária de um encrave de Cerrado *sensu stricto* no bioma Caatinga, Chapada do Araripe, Barbalha, Ceará. **Acta Botanica Brasilica**, 21(2), 281-291.

Costa, I.R.D., Araújo, F.S.D., Lima-Verde, L.W., 2004. Flora e aspectos auto-ecológicos de um encrave de cerrado na Chapada do Araripe, Nordeste do Brasil. **Acta Botanica Brasilica**, 18(4), 759-770.

Ferreira-Júnior, W.S., Santoro, F.R., Nascimento, A.L.B., Avilez, W.M.T., Zank, S., Silva, N.F., Albuquerque, U.P., Araújo, E.L., 2015. Check-list das plantas medicinais na Chapada do Araripe. In: Albuquerque, U.P., Meiado, M. V. (org.). **Sociobiodiversidade na Chapada do Araripe**, Recife: NUPEEA, 535 p.

Kerntopf, M.R., Figueiredo, P.R.L., Felipe, C.F.B., Oliveira Almeida, W.O., Menezes, I.R.A., Fernandes, G.P., Lemos, I.C.S., 2013. Óleo de pequi (*Caryocar coriaceum* W.) e a potencial atividade cardioprotetora. **Ensaios e Ciência**, 17(4), 117-125.

Loiola, M.I.B., Araújo, F.S., Lima-Verde, L.W., Souza, S.S.G., Matias, L.Q., Menezes, M.O.T., Soares-Neto, R.L., Silva, M.A.P., Souza, M.M.A., Mendonça, A.M., Macêdo, M.S., Oliveira, S.F., Sousa, R.S., Balcázar, A.L., Crepalar, C.G., Campos, L.Z.O., Nascimento, L.G.S., Cavalcanti, M.C.B.T., Oliveira, R.D., Silva, T.C., Albuquerque, U.P., 2015. Flora da Chapada do Araripe. In: Albuquerque, U.P., Meiado, M. V. (org.). **Sociobiodiversidade na Chapada do Araripe**, Recife: NUPEEA, 535 p.

Medeiros, M.B.D., Walter, B.M.T., 2012. Composição e estrutura de comunidades arbóreas de Cerrado *stricto sensu* no norte do Tocantins e sul do Maranhão. **Revista Árvore**, 36(4), 673-683.

Medeiros, M.B., Walter, B.M.T., Silva, G.P., 2008. Fitossociologia do Cerrado *stricto sensu* no município de Carolina, MA, Brasil. **Cerne**, 14(4), 285-294.

Nascimento-Silva, N.R.R.D., Naves, M.M.V., 2019. Potential of Whole Pequi (*Caryocar* spp.) Fruit—Pulp, Almond, Oil, and Shell—as a Medicinal Food. **Journal of Medicinal Food**, 22(9), 952-962.

Oliveira, M.E.B.D., Guerra, N.B., Maia, A.D.H.N., Alves, R.E., Xavier, D.D.S., Matos, N.M.D.S., 2009. Caracterização física de frutos do pequizeiro nativos da Chapada do Araripe-CE. **Revista Brasileira de Fruticultura**, 31(4), 1196-1201.

Oliveira, M.E.B., Guerra, N.B., Barros, L.D.M., Alves, R.E., 2008. **Aspectos agronômicos e de qualidade do pequi**. Embrapa Agroindústria Tropical-Documentos (INFOTECA-E). Fortaleza, 32 p.

Ramos, K.M.C., Souza, V.A.B.D., 2011. Características físicas e químico-nutricionais de frutos de pequizeiro (*Caryocar coriaceum* Wittm.) em populações naturais da região Meio-Norte do Brasil. **Revista Brasileira de Fruticultura**, 33(2), 500-508.

Ribeiro-Silva, S., Seixas, E., Medeiros, M., Gomes, B., Silva, M.A.P., 2012. Angiosperms from the Araripe national forest, Ceará, Brazil. **Check list**, 8(4), 744-751.

Rodrigues, B.S, Ferreira, M.A., Oliveira, T.C.S., Oliveira, M.D.C.P., 2019. Morphobiometry and Ecophysiology of *Caryocar coriaceum* Wittm. (Pequi) in Cerrado Areas of Northeast Brazil. **Journal of Experimental Agriculture International**, 41(4), 1-7.

Silva, M.A.P., Medeiros-Filho, S., 2006. Morfologia de fruto, semente e plântula de piqui (*Caryocar coriaceum* Wittm.). **Revista Ciência Agronômica**, 37(3), 320-325.

Silva, M.A.P., Medeiros-Filho, S., Duarte, A.E., Mendonça, A.C.A.M., Santos, A.C.B., Souza, M.M.A., 2013. Fenologia de *Caryocar coriaceum* Wittm. Caryocaraceae, ocorrentes na Chapada do Araripe–Crato-CE-Brasil. **Cadernos de Cultura e Ciência**, 12(2), 21-31.

Silva, M.A.P., Morais-Mendonça, A.C.A., Santos, A.C.B., Linhares, K.A., Loiola, M.I.B., Santos, M.A.F., Coutinho, T.S., Leite, T.R. **Espécies Vegetais da Chapada do Araripe**. Universidade Regional do Cariri, Crato. 2016, 92 p.

Capítulo 4
Etnofarmacologia do Pequi

"Uso o óleo do pequi para tratar inflamação na garganta, como expectorante, na cicatrização (ferimentos internos e externos), dor de cabeça e indigestão."

Francisca da Silva

Desde a antiguidade, o ser humano vem utilizando as plantas para fins medicinais, de forma que estas têm sido uma fonte valiosa da medicina tradicional, bem como são a principal fonte majoritária na fabricação de fármacos. Tais plantas são utilizadas de diversas formas para o tratamento das mais variadas doenças que acometem os seres humanos.

Dentre as espécies com potencial medicinal, destacam-se as pertencentes do gênero *Caryocar* L., como por exemplo *Caryocar brasiliense* A.St.-Hil. (Figura 1), *Caryocar villosum* (Aubl.) Pers. (Figura 2) e *Caryocar coriaceum* Wittm., as quais são utilizadas para numerosas finalidades terapêuticas, como o tratamento de tumores, doenças respiratórias, lesões de feridas, doenças gástricas e inflamatórias, dores musculares e artrite crônica.

Historicamente, *C. coriaceum* foi utilizado primeiramente pelas populações nativas da Chapada do Araripe, conhecidas como índios Kariri, os quais denominavam a espécie de "Pyrantecaira", infelizmente devido à colonização da região pelos portugueses (1683 - 1713), ocorreu o genocídio desses povos, e junto com eles, os conhecimentos tradicionais associados à espécie.

Quase todas as partes vegetativas e reprodutivas da espécie são utilizadas para o tratamento de alguma doença, exceto as flores e as raízes. Dentre as 67 espécies de potencial medicinal citadas pelas populações das comunidades rurais de Horizonte, Macaúba, Minguiriba, Baixa do Maracujá, Cruzeiro e Santo Antônio, localizadas na Chapada do Araripe, o pequi mostrou-se como uma das mais citadas, apresentando 47 indicações terapêuticas.

Tais usos não são restritos somente a um sistema corporal, mas sim vários, como doenças da pele e do tecido subcutâneo, doenças dos olhos e anexos, doenças do sistema digestivo, doenças do sistema osteomuscular e sistema conjuntivo, doenças endócrinas, nutricionais e metabólicas, doenças infecciosas e parasitárias, lesões, envenenamento e algumas outras consequências de causas externas, doenças do sistema geniturinário e doenças do sistema respiratório (Figura 1).

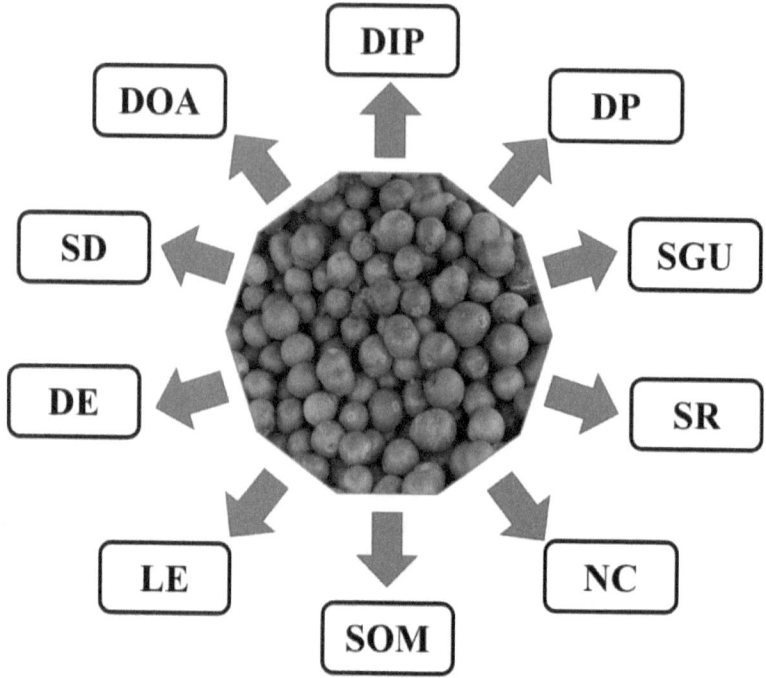

Figura 1. Sistemas corporais beneficiados com o uso medicinal do pequi (*Caryocar coriaceum* Wittm.). DIP: doenças infecciosas e parasitárias; DP: doenças da pele e do tecido subcutâneo; SGU: doenças do sistema geniturinário; SR: doenças do sistema respiratório; NC: sintoma não classificado; SOM: doenças do sistema osteomuscular e sistema conjuntivo; LE: lesões, envenenamento e algumas outras consequências de causas externas; DE: doenças endócrinas, nutricionais e metabólicas; SD: doenças do sistema digestivo; DOA: doenças dos olhos e anexos.

Os frutos são os mais utilizados na medicina popular, seja *in natura* (polpa) ou os seus derivados, como o lambedor ou o óleo. Sendo que a polpa do mesocarpo interno é consumida para combater doenças broncopulmonares (bronquites, gripes e resfriados) e tumores. O óleo é utilizado principalmente para tratar o reumatismo (Figura 2). Além disso, ele é comumente empregado para tratar, inflamações, dores musculares, dor de garganta, bronquite, tosse com secreções, gripes, expectorante, eczema, afecções do couro cabeludo, dores nos pulmões, asma, queimaduras, febre, raquitismo, indigestão, sopro no coração, cicatrização de feridas, fadiga e disfunções eréteis.

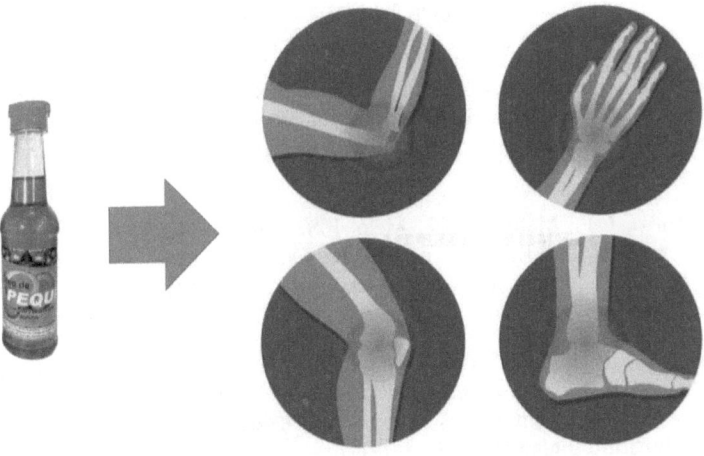

Figura 2. Utilização do óleo de pequi (*Caryocar coriaceum* Wittm.) para o tratamento de reumatismo.

Apesar das indicações medicinais se concentrarem nos frutos, os demais órgãos da espécie medicinal também são relatados como agentes terapêuticos na regulação do fluxo catamenial (folhas) e antifebris e diuréticos (cascas). Além da utilização para o tratamento de doenças humanas, *C. coriaceum* é conhecido na medicina etnoveterinária por apresentar potencial terapêutico, sendo que as folhas maceradas são empregadas para eliminar anexos fetais em bovinos, e o óleo fixo é aplicado nos cortes e inflamações de vários animais.

Referências bibliográficas

Agra, M.D.F., Silva, K.N., Basílio, I.J.L.D., Freitas, P.F.D., Barbosa-Filho, J.M., 2008. Survey of medicinal plants used in the region Northeast of Brazil. **Revista Brasileira de Farmacognosia**, 18(3), 472-508.

Albuquerque, U.P., Nascimento, A.L.B., Chaves, L.S., Feitosa, I.S., Moura, J.M.B., Gonçalves, P.H.S., Silva, R.H., Silva, T.C., Ferreira-Júnior, W.S.F., 2020. The chemical ecology approach to modern and early human use of medicinal plants. **Chemoecology**, 30(s/n), 1-14.

Amorim, W.R., Sousa, C.P., Martins, G.N., Melo, E.S., Silva, I.C.R., Corrêa, P.G.N., Santos, A.R.S., Carvalho, S.M.R., Pinheiro, R.E.E., Oliveira, J.M.G., 2018. Estudo etnoveterinário de plantas medicinais utilizadas em animais da microrregião do Alto Médio Gurguéia–Piauí. **Pubvet**, 12(10), 131-135.

Batista, J.S., Silva, A.E., Rodrigues, C.M.F., Costa, K.M.F.M., Oliveira, A.F., Paiva, E.S., Nunes, F.V.A., Olinda, R.G., 2010. Avaliação da atividade cicatrizante do óleo de pequi (*Caryocar coriaceum* Wittm.) em feridas cutâneas produzidas experimentalmente em ratos. **Arquivo do Instituto Biológico**, 77(3), 441-447.

Cartaxo, S.L., Souza, M.M.A., Albuquerque, U.P., 2010. Medicinal plants with bioprospecting potential used in semi-arid northeastern Brazil. **Journal of Ethnopharmacology**, 131(2), 326-342.

Conceição, G.M., Ruggieri, A.C., Araújo, M.D.F.V., Conceição, T.T.M.M., Conceição, M.A.M.M., 2011. Plantas do cerrado: comercialização, uso e indicação terapêutica fornecida pelos raizeiros e vendedores, Teresina, Piauí. **Scientia Plena**, 7(12), 1-6.

Ferreira-Júnior, W.S., Santoro, F.R., Nascimento, A.L.B., Avilez, W.M.T., Zank, S., Silva, N.F., Albuquerque, U.P., Araújo, E.L., 2015. Check-list das plantas medicinais na Chapada do Araripe. In: Albuquerque, U.P., Meiado, M. V. (org.). **Sociobiodiversidade na Chapada do Araripe**, Recife: NUPEEA, 535 p.

Gonçalves, C.U., 2007. A organização dos piquizeiros na Chapada do Araripe. **Revista Agriculturas**, 23(2), 21-23.

Gonçalves, C.U., 2010. Os piquizeiros da Chapada do Araripe. **Revista de Geografia**, 25(1), 88-103.

Lemos, I.C.S., Delmondes, G.A., Santos, A.D.F., Santos, E.S., Oliveira, D.R., Figueiredo, P.R.L., Alves, D.A., Barbosa, R., Menezes, I.R.A., Coutinho, H.D.M., Kerntopf, M.R., Fernandes, G.P., 2016. Ethnobiological survey of plants and animals used for the treatment of acute respiratory infections in children of a traditional community in the municipality of Barbalha, ceará, Brazil. **African Journal of Traditional, Complementary and Alternative Medicines**, 13(4), 166-175.

Lozano, A., Araújo, E.L., Medeiros, M.F.T., Albuquerque, U.P., 2014. The apparency hypothesis applied to a local pharmacopoeia in the Brazilian Northeast. **Journal of Ethnobiology and Ethnomedicine**, 10(1), 1-17.

Macêdo, D.G., Menezes, I.R.A., Lacerda, S.R., Silva, M.A.P., Ribeiro, D.A., Macêdo, M.S., Oliveira, L.G.S., Saraiva, M.E., Alencar, S.R., Oliveira, S.F., Santos, M.O., Almeida, B.V., Macedo, J.G.F., Sousa, F.F.S., Soares, M.A., Araújo, T.M.S., Souza, M.M.A., 2016. Versatility and consensus of the use of medicinal plants in an area of cerrado in the Chapada do Araripe, Barbalha-CE-Brazil. **Journal of Medicinal Plants Research**, 10(31), 505-514.

Magalhães, K.N., Guarniz, W.A.S., Sá, K.M., Freire, A.B., Monteiro, M.P., Nojosa, R.T., Bieski, I.G.C., Custódio, J.B., Balogun, S.O., Bandeira, M.A.M., 2019. Medicinal plants of the Caatinga, northeastern Brazil: Ethnopharmacopeia (1980–1990) of the late professor Francisco José de Abreu Matos. **Journal of Ethnopharmacology**, 237(s/n), 314–353.

Matos, F.J.A., 2007. **Plantas medicinais: guia de seleção e emprego de plantas usadas em fitoterapia no Nordeste do Brasil**. 3nded. Imprensa Universitária, Fortaleza.

Nascimento-Silva, N.R.R.D., Naves, M.M.V., 2019. Potential of Whole Pequi (*Caryocar* spp.) Fruit—Pulp, Almond, Oil, and Shell—as a Medicinal Food. **Journal of Medicinal Food**, 22(9), 952-962.

Ribeiro, D.A., Oliveira, L.G.S., Macêdo, D.G., Menezes, I.R.A., Costa, J.G.M., Silva, M.A.P., Lacerda, S.R., Souza, M.M.A., 2014. Promising medicinal plants for bioprospection in a Cerrado area of Chapada do Araripe, Northeastern Brazil. **Journal of Ethnopharmacology**, 155(3), 1522-1533.

Schmidt, B., Ribnicky, D.M., Poulev, A., Logendra, S., Cefalu, W.T., Raskin, I., 2008. A natural history of botanical therapeutics. **Metabolism**, 57(s/n), 3-9.

Torres, L.R.O., Santana, F.C., Shinagawa, F.B., Mancini-Filho, J., 2018. Bioactive compounds and functional potential of pequi (*Caryocar* spp.), a native Brazilian fruit: a review. **Grasas y Aceites**, 69(2), 1-16.

WHO, World Health Organization. **ICD-11 for Mortality and Morbidity Statistics**. Rmacopeicos. Disponível em *https://icd.who.int/browse11/l-m/en* 2020.

O PEQUI DA CHAPADA DO ARARIPE

Capítulo 5
Atividades Biológicas e Farmacológicas

"Já a extração do líquido proveniente da castanha do pequi é usada pelas indústrias de biscoitos e na fabricação de cosméticos, a exemplo de xampu, condicionador, máscara capilar, sabonetes, cremes, entre outros."

Fernanda Lopes

Em conformidade com os usos etnomedicinais, o pequi (*C. coriaceum*) tem sido utilizado em pesquisas avaliando o seu potencial biológico e farmacológico. Dentre os produtos avaliados, o óleo fixo dos seus frutos são os mais investigados, devido à sua versatilidade e altos índices de indicações terapêuticas.

O efeito biológico de produtos oriundos do pequi, principalmente seu óleo fixo, é nítido frente a bactérias de interesse clínico. Saraiva e colaboradores (2011) demonstraram por meio de ensaios de microdiluição que o produto apresenta uma concentração inibitória mínima (CIM) de 512 µg/mL contra *Escherichia coli* ATCC 25922 e EC 27, causadora de infecção urinária e *Staphylococcus aureus* ATCC 12692 e SA 358 que ocasiona infecções de pele e algumas vezes pneumonia, endocardite e osteomielite. Contudo o óleo do pequi mostrou-se ineficaz contra *Pseudomonas aeruginosa* ATCC15442 e *Proteus vulgaris* ATCC13315.

Além disso, os mesmos pesquisadores demonstraram que o óleo foi capaz de potencializar o efeito de antibióticos do tipo aminoglicosídeos (gentamicina, canamicina, amicacina e neomicina) frente a bactérias multirresistentes (*E. coli* e *S. aureus*).

No mesmo ano, Costa e parceiros (2011), utilizando o método de difusão em disco constataram que o óleo fixo na concentração de 10 µg/disco apresenta efeito antibacteriano, o qual foi capaz de inibir o crescimento de *Salmonella choleraesuis* ATCC 13314 (com 15 mm de inibição do halo), *Staphylococcus aureus* ATCC 12692 (13.7 mm), *Pseudomonas aeruginosa* ATCC 15442 (10.3 mm) e *Streptococcus pneumoniae* ATCC 6314 (7.7 mm). Sendo todas consideradas patogênicas.

Apesar dos efeitos bactericidas do óleo fixo relatados acima, Pereira e colaboradores (2019) não encontraram ação biológica *in vitro* do óleo fixo em concentrações de relevância clínica (1.024 µg/mL) frente as cepas de *Proteus vulgaris* ATCC 13315, *Klebsiella pneumoniae* ATCC 10031, *Shigella flexneri* ATCC 12022, *Pseudomonas aeruginosa* ATCC 9027, *Escherichia coli* 06, *Bacillus cereus* ATCC 33018, *Staphyloccus aureus* ATCC 6538 e *Staphyloccus aureus* 10.

Além do óleo do pequi, as suas folhas também apresentam compostos químicos com ação potencializadora de antibióticos, como relatado por Araruna e coautores (2013). Os quais demonstraram que os seus extratos são capazes de intensificar o efeito biológico de antibióticos do tipo aminoglicosídicos frente a *Escherichia coli* 27 e *Staphylococcus aureus* 358. Além dessa classe de antibióticos, extratos das folhas são capazes de intensificar o efeito de penicilinas, como por exemplo a Benzilpenicilina, quando avaliadas frente a *E. coli* 27.

O efeito antimicrobiano de produtos de pequi estende-se também às cepas fúngicas de interesse veterinário, tais como *Microsporum canis* e *Malassezia* spp., os quais ocasionam micoses em cães e gatos. Esse efeito biológico é encontrado em extratos das cascas e polpa dos frutos do pequi, sendo mais eficiente para as cepas de *M. canis*, visto que ambos os extratos apresentaram uma CIM de 4,88 µg/mL. Contudo, esse efeito antifúngico não ocorre em concentrações de relevância clínica contra espécies do gênero *Candida*, tais como *Candida albicans*, *Candida glabrata*, *Candida krusei* e *Candida tropicalis*.

Quanto ao efeito antiparasitário, extratos etanólicos das cascas e polpa dos frutos do pequi apresentam atividade frente às formas promastigotas de *Leishmania (Leishmania) amazonensis* (MHOM/BR/1989/166MJO), os quais apresentaram uma concentração letal mediana (CL_{50}) de 38 µg/mL e 30 µg/mL respectivamente. Resultados esses significativos, visto que apresentavam os mesmos efeitos dos controles positivos (pentamidina e antimoniato de meglumina). Essas cepas também são susceptíveis a extratos apolares (acetato de etila) e polares (metanol) das folhas do pequi, as quais morriam devido uma apoptose tardia, apresentando uma CL_{50} de 5,25 µg/mL e 58 µg/mL, respectivamente. Além disso, esses produtos são eficazes contra as formas amastigotas de *L. amazonenses*, os quais desencadeiam uma resposta antioxidante. O mecanismo desencadeado pelos extratos envolve sua capacidade de ativar respostas mediadas por Nrf2/HO-1/Ferritina, seguido por uma modulação do pool de ferro lábil, que resulta em um esgotamento do ferro disponível para replicação do parasita e sobrevivência dentro dos macrófagos, consequentemente ocorre a morte do parasita.

O uso de produtos vegetais como alternativas terapêuticas e farmacológicas é acessível e amplamente aceito culturalmente. No entanto, apesar do uso popular generalizado, há evidências de que eles podem ser potencialmente tóxicos. Com isso em mente, alguns autores avaliaram os efeitos tóxicos *in vitro* e *in vivo* dos produtos do pequi. Quanto aos estudos *in vitro*, Alves e parceiros (2017) avaliando o efeito citotóxico dos extratos das cascas e da polpa frente a macrófagos, demonstraram que eles apresentam uma citotoxicidade moderada, visto que apresentaram um CL_{50} de 454 μg/mL e 253 μg/mL, respectivamente. Além disso, tais autores avaliando a citotoxicidade utilizando eritrócitos humanos, constataram que esses produtos apresentam baixa toxicidade, pois apresentaram baixa atividade hemolítica (>9%) na concentração de 500 μg/mL.

Quanto às atividades tóxicas *in vivo*, Duavy e parceiros (2012) utilizando náuplios de um microcrustáceo *Artemia salina* Leach., evidenciou que o extrato etanólico e aquoso das folhas apresentavam alta toxicidade, com CL_{50} de 14,9 μg/mL e 18,5 μg/mL respectivamente, sendo mais tóxico que o controle positivo, o dicromato de potássio (CL_{50}: 55,9 μg/mL). Contudo, utilizando o organismo-modelo *Drosophila melanogaster* (mosca-da-fruta), Duavy e colaboradores (2019), não encontraram nenhuma toxicidade do extrato aquoso das folhas na concentração de 5 mg/mL por meio da ingestão, tratando as moscas durante 5 dias.

Além dessas atividades biológicas, as folhas, frutos e caule do pequi apresentam compostos denominados de aleloquímicos, os quais são capazes de interferir na germinação de sementes de *Lactuca sativa* L. (alface). Além disso, são capazes de interferir no crescimento das raízes e caulículo da espécie receptora.

Dentre as atividades farmacológicas do pequi, a atividade antioxidante é a mais avaliada. Um produto com ação antioxidante, é capaz de atrasar ou inibir a oxidação de um substrato oxidável, de forma que protege as células sadias de um organismo contra a ação oxidante dos radicais livres. Os estudos são concentrados em avaliações *in vitro* utilizando o método de redução do radical livre DPPH (2,2-difenil-1-picril-hidrazil).

Dentre as avaliações realizadas, o extrato aquoso das folhas da espécie medicinal, foi o que apresentou maior capacidade na redução desse radical livre, visto que apresentou uma concentração inibitória mediana (IC_{50}) 15 vezes menor que o ácido ascórbico (vitamina C). Além desses órgãos, as cascas e polpa dos frutos, apresentam potencial antioxidante.

Em estudos *in vivo* utilizando *D. melanogaster* (mosca-da-fruta), foi demonstrado que extratos das folhas e da polpa dos frutos da espécie são ricos em compostos antioxidantes. Em tal estudo, os autores trataram as moscas com os referidos produtos antes e concomitantemente na sua dieta com o Paraquat, um herbicida que induz danos oxidativos. Eles demonstraram que os produtos naturais foram capazes de reduzir os níveis de espécies reativas de oxigênio (ROS) e peroxidação lipídica, bem como diminuir a atividade das enzimas antioxidantes catalase e glutationa-S-transferase. Além disso, os extratos das folhas e polpa foram capazes de diminuir a regulação na expressão de mRNA de genes relacionados ao estresse para a catalase, superóxido dismutase, tiorredoxina redutase e Keap-1.

Referente ao potencial anti-inflamatório, o óleo fixo é alvo de investigações em modelos *in vivo*. O primeiro estudo, de Oliveira e assistentes (2010), mostrou que o óleo atenuou edemas inflamatórios induzidos por xileno em camundongos albinos Swiss de forma dose-dependente. Em tal estudo, o óleo *in natura* reduziu a inflamação em 38,01% em apenas 15 minutos, e o controle positivo, Dexametasona (2.5 mg/kg) reduziu em 94,57% o edema. Resultados similares foram também encontrados por Saraiva e parceiros (2011), em que o óleo na concentração de 8 mg/orelha dos camundongos foi responsável por inibir 28,5% da inflamação induzida por óleo de Croton. Além disso, tais pesquisadores demonstraram que após 48 horas, em um processo inflamatório estabelecido nas orelhas de camundongos (*Mus musculus*), da aplicação do óleo bruto do pequi, no quarto dia de inflamação foi capaz de ocasionar uma redução significativa na espessura da orelha em comparação com o grupo tratado com solução salina.

Utilizando o método de inflamação induzida na pata por carragenina em camundongos, Figueiredo e ajudantes (2016), demonstraram que em doses de 500 mg/kg e 1000 mg/Kg, o óleo fixo dos frutos do pequi, reduziram respectivamente, em 21% e 31% do edema induzido após 7 dias de tratamento. Silva e parceiros (2016) avaliando o efeito do óleo no processo de reparação tendíneo de ratos após tendinite induzida com injeção intratendínea de colagenase no tendão calcâneo, demonstraram que houve ação anti-inflamatória. Tal ação foi evidenciada na redução de neutrófilos (células inflamatórias) nos animais após 7 dias de tratamento com o óleo de modo tópico. Os pesquisadores demonstraram que quando a tendinite tratada com óleo do pequi, era submetido a ondas ultrassônicas, o processo de reparação tecidual era mais efetivo, pois havia indução do aumento de fibroblastos.

O efeito anti-inflamatório do óleo também pode ser observado para artrite em joelhos de ratos, como demonstrado na pesquisa de Oliveira e colaboradores (2015). Tais cientistas, utilizando zymosan, um polissacarídeo da parede celular de *Saccharomyces cerevisiae* que produz inflamação aguda e grave, induziram o surgimento de artrite no joelho dos roedores, as quais trataram com o óleo fixo. Eles demonstraram que esse produto natural tem propriedades anti-inflamatórias, visto que quando os ratos foram tratados em doses de 100 mg/Kg houve redução do influxo de leucócitos na cavidade articular, bem como de neutrófilos. Em consequência disso, a redução do edema nos joelhos foi notada, em comparação com o grupo controle. Além dos frutos, as folhas também apresentam potencial anti-inflamatório, pois os extratos hidroetanólico e metanólico reduziram edemas provocados por diferentes agentes sensibilizantes (ácido araquidônico, óleo de cróton, fenol e histamina) em camundongos.

Ao avaliar o efeito gastroprotetor do óleo fixo da polpa dos frutos da referida espécie, Leite e colaboradores (2009) demonstraram que o óleo na dose de 200 mg/Kg foi capaz de inibir 60,5% de lesões na mucosa gástrica induzidas por etanol em camundongos. Além desses autores, Quirino e parceiros (2009) também evidenciaram o efeito farmacológico em úlcera induzidas por etanol, e demonstraram que a atividade envolve mecanismos α2-receptors, prostaglandinas endógenas, óxido nítrico e canais de K+ATP.

O efeito gastroprotetor não se restringe ao óleo da polpa, mas estende-se às folhas da espécie, como demonstrou Lacerda-Neto e parceiros

(2017). Em tal estudo, o grupo de pesquisa por meio da administração oral do extrato hidroetanólico das folhas da árvore na dose de 100 mg/Kg, demonstrou que já havia redução nas lesões gástricas induzidas em ratos por indometacina, etanol acidificado, etanol e ácido acético em 75, 72, 69 e 86% respectivamente. Foi demonstrado que receptores opioides, receptores α2-adrenérgicos e neurônios aferentes primários sensíveis à capsaicina estão envolvidos no mecanismo de proteção gástrica utilizados pelo extrato das folhas de pequi.

O uso popular do óleo fixo do pequi na cicatrização de feridas instigou Batista e coautores (2010) a investigarem essa propriedade farmacológica utilizando *Rattus norvegicus albinus* da linhagem Wistar. Tais autores adicionaram o óleo a um creme base, obtendo 10% da concentração do produto natural, para tratar lesões cutâneas dos roedores. Como resultado, no sétimo dia pós-operatório, as feridas dos ratos pertencentes ao grupo tratado com o creme à base do óleo de pequi apresentaram-se recobertas por uma crosta fina, nivelada com a pele e sem evidências de inflamação, enquanto que o grupo controle as feridas permaneceram hiperêmicas, com bordos edemaciados e exudato purulento. Além disso, observou-se que as feridas dos animais do grupo controle permaneceram maiores que as do grupo tratado com óleo de pequi. Referente à contração, no décimo quarto dia pós-operatório o creme à base do óleo de pequi foi responsável por contrair 96% das feridas, enquanto que o grupo controle apresentou um percentual de contração de 52%. No final do experimento, as feridas cutâneas dos ratos encontravam-se totalmente cicatrizadas, com fechamento total dos bordos, enquanto que as feridas dos animais do grupo controle ainda necessitavam de mais tempo para a cicatrização.

Quirino e ajudantes (2009), utilizando a mesma metodologia acima, demonstrou que o óleo da polpa apresentou efeito cicatrizante e ratos com valor de 0,51% de contração contra 0,28% do grupo controle no 16° dia. Utilizando também uma abordagem etnofarmacológica, Oliveira e coautores (2010) avaliaram o efeito cicatrizante do óleo do pequi em lesões cutâneas excisionais em camundongos. Os autores demonstraram que no sétimo dia de tratamento com o óleo a 12%, as feridas obtiveram 96,5% de contração em contraste com 88% de contração da droga (5% p/p de acetato de clostebol e creme de sulfato de neomicina) utilizada como controle positivo.

Oliveira e colaboradores (2015) avaliando o efeito antinociceptivo (redução na capacidade de perceber a dor) do óleo, demonstrou que na dose de 400 mg/kg, o produto era capaz de reduzir a capacidade de percepção de dor de ratos, quando comparado com o grupo controle. Além disso, nessa dose de administração, os resultados apresentaram a mesma ação que o controle positivo, a dexametasona, um medicamento corticosteroide.

Outro efeito farmacológico que o óleo dos frutos apresenta é hipolipêmico, como apontando no estudo de Figueiredo e coautores (2016). Tais pesquisadores trataram ratos Wistar (*Rattus norvegicus*) durante com 15 dias com o óleo fixo do pequi e posteriormente induziram dislipidemia (elevação de colesterol e triglicerídeos no plasma) por meio da administração de Triton WR-1339 (Tyloxapol). Como resultado, evidenciaram que a administração do produto natural na dose de 2 g/Kg foi capaz de reduzir em 16% os níveis séricos de colesterol. Além dessa redução, o óleo também diminuiu em 23% os níveis de triglicerídeos séricos, associado a isto, o óleo foi capaz de aumentar significativamente os níveis de HDL-C (bom colesterol) dos ratos.

Apesar de não haver relatos em estudos etnofarmacológicos do uso do pequi no tratamento de convulsões, Oliveira e colaboradores (2017) avaliaram esse efeito. Infelizmente, não houve ação anticonvulsionante, mas a administração do óleo na dose de 100 mg/Kg foi capaz de aumentar a latência para o primeiro espasmo mioclônico e as primeiras crises tônico-clônicas generalizadas induzidas por pentilenetetrazol. No mesmo estudo, os pesquisadores demonstraram que o óleo não ocasionou nenhum efeito adverso comportamental significativo, por meios dos testes de campo aberto, rotarod, natação forçada e reconhecimento de objetos.

Demais atividades farmacológicas são relatadas para a espécie frutífera, como extratos da casca e polpa dos frutos com atividade antiacetilcolinesterase e o óleo fixo é capaz de prevenir a lesão pulmonar em ratos submetidos à exposição de curta duração.

Referências bibliográficas

Alves, D.R., Morais, S.M., Tomiotto-Pellissier, F., Miranda-Sapla, M.M., Vasconcelos, F.R., Silva, I.N.G.D., Sousa, H.A., Assolini, J.P., Conchon-Costa, I., Pavanelli, W.R., Freire, F.D.C.O., 2017. Flavonoid composition and biological activities of ethanol extracts of *Caryocar coriaceum* Wittm., a native plant from caatinga biome. **Evidence-Based Complementary and Alternative Medicine**, 2017(s/n), 1-7.

Araruna, M.K., Santos, K.K., Costa, J.G., Coutinho, H.D.M., Boligon, A.A., Stefanello, S.T., Athayde, M.L., Saraiva, R.A., Rocha, J.B.T., Kerntopf, M.R., Menezes, I.R.A., 2013. Phenolic composition and *in vitro* activity of the Brazilian fruit tree *Caryocar coriaceum* Wittm. **European Journal of Integrative Medicine**, 5(2), 178-183.

Araruna, M.K., Saraiva, R.E.A., Nogara, P.A., Rocha, J.B.T., Boligon, A.A., Athayde, M.L., Rodrigues, L.B., Costa, R.H.S., Santana, F.R.A., Costa, J.G., Coutinho, H.D.M., Pinheiro, P.G., Wanderley, A.G., Menezes, I.R.A., 2014. Effect of pequi tree *Caryocar coriaceum* Wittm. leaf extracts on different mouse skin inflammation models: inference with their phenolic compound content. **African Journal of Pharmacy and Pharmacology**, 8(23), 629-637.

Batista, J.S., Silva, A.E., Rodrigues, C.M.F., Costa, K.M.F.M., Oliveira, A.F., Paiva, E.S., Nunes, F.V.A., Olinda, R.G., 2010. Avaliação da atividade cicatrizante do óleo de pequi (*Caryocar coriaceum* wittm) em feridas cutâneas produzidas experimentalmente em ratos. **Arquivo do Instituto Biológico**, 77(3), 441-447.

Bezerra, J.W.A., Costa, A.R., Silva, M.A.P., Rocha, M.I., Boligon, A.A., Rocha, J.B.T., Barros, L.M., Kamdem, J.P., 2017. Chemical composition and toxicological evaluation of *Hyptis suaveolens* (L.) Poiteau (LAMIACEAE) in *Drosophila melanogaster* and *Artemia salina*. **South African Journal of Botany**, 113(s/n), 437-442.

Costa, J.G., Brito, S.A., Nascimento, E.M., Botelho, M.A., Rodrigues, F.F., Coutinho, H.D.M., 2011. Antibacterial properties of pequi pulp oil (*Caryocar coriaceum*–Wittm.). **International Journal of Food Properties**, 14(2), 411-416.

Duavy, S.M.P., Silva, L.J., Costa, J.G.M., Rodrigues, F.F.G., 2012. Atividade biológica de extratos de folhas de *Caryocar coriaceum* Wittm.: Estudo *in vitro*. **Cadernos de Cultura e Ciência**, 11(1), 13-19.

Duavy, S.M., Ecker, A., Salazar, G.T., Loreto, J., Costa, J.G.M.D., Barbosa, N.V., 2019. Pequi enriched diets protect *Drosophila melanogaster* against paraquat-induced locomotor deficits and oxidative stress. **Journal of Toxicology and Environmental Health**, 82(11), 664-677.

Figueiredo, P.R.L., Oliveira, I.B., Neto, J.B.S., Oliveira, J.A., Ribeiro, L.B., Viana, G.S.B., Rocha, T.M., Leal, L.K.A.M., Kerntopf, M.R., Felipe, C.F.B., Coutinho, H.D.M., Menezes, I.R.A., 2016. *Caryocar coriaceum* Wittm.(Pequi) fixed oil presents hypolipemic and anti-inflammatory effects *in vivo* and *in vitro*. **Journal of Ethnopharmacology**, 191(s/n), 87-94.

Gomes, A.B., Ribeiro, I.A., 2019. Evaluation of antifungal potential of oil of the species *Caryocar coriaceum* front of *Candida* species isolated in the oral cavity of oncological pediatric patients in antineoplastic treatment. **International Journal of Pediatric Research and Reviews**, 2(11), 1-9.

Lacerda-Neto, L.J., Ramos, A.G.B., Vidal, C.S., 2013. Serviços ecossistêmicos: o caso do *Caryocar coriaceum* Wittm. (pequi) na Chapada do Araripe. **Revista Brasileira de Biologia e Farmácia**, 9(2), 34-40.

Leite, G.O, Penha, A.R.S., Silva, G.Q., Colares, A.V., Rodrigues, F.F.G., Costa, J.G.M., Cardoso, A.L.H., Campos, A.R., 2009. Gastroprotective effect of medicinal plants from Chapada do Araripe, Brazil. **Journal of Young Pharmacists**, 1(1), 54-56.

Oliveira, C.C., Oliveira, C.V., Grigoletto, J., Ribeiro, L.R., Funck, V.R., Meier, L., Fighera, M.R., Royes, L.F.F., Furian, A.F., Menezes, I.R.A., Oliveira, M.S., 2017. Anticonvulsant activity of *Caryocar coriaceum* Wittm. fixed pulp oil against pentylenetetrazol-induced seizures. **Neurological Research**, 39(8), 667-674.

Oliveira, F.F.B., Araújo, J.C.B., Pereira, A.F., Brito, G.A.C., Gondim, D.V., Ribeiro, R.A., Menezes, I.R.A., Vale, M.L., 2015. Antinociceptive and anti-inflammatory effects of *Caryocar coriaceum* Wittm fruit pulp fixed ethyl acetate extract on zymosan-induced arthritis in rats. **Journal of Ethnopharmacology**, 174(s/n), 452-463.

Oliveira, M.L.M., Nunes-Pinheiro, D.C.S., Tomé, A.R., Mota, É.F., Lima-Verde, I.A., Pinheiro, F.G.M., Campello, C.C., Morais, S.M., 2010. *In vivo* topical anti-inflammatory and wound healing activities of the fixed oil of *Caryocar coriaceum* Wittm. seeds. **Journal of Ethnopharmacology**, 129(2), 214-219.

Pereira, F.F., Feitosa, M.K., Costa, M.D.S., Tintino, S.R., Rodrigues, F.F., Menezes, I.R.A., Coutinho, H.D.M., Costa, J.G., Sousa, E.O., 2019. Characterization, antibacterial activity and antibiotic modifying action of the *Caryocar coriaceum* Wittm. pulp and almond fixed oil. **Natural Product Research**, 34(22), 3239-3243.

Quirino, G.S, Leite, G.O., Rebelo, L.M., Tome, A.R., Costa, J.G.M., Cardoso, A.H., Campos, A.R., 2009. Healing potential of Pequi (*Caryocar coriaceum* Wittm.) fruit pulp oil. **Phytochemistry Letters**, 2(4), 179-183.

Saraiva, R.A., Araruna, M.K., Oliveira, R.C., Menezes, K.D., Leite, G.O., Kerntopf, M.R., Costa, J.G.M., Rocha, J.B.T., Tomé, A.R., Campos, A.R., Menezes, I.R.A., 2011. Topical anti-inflammatory effect of *Caryocar coriaceum* Wittm.(Caryocaraceae) fruit pulp fixed oil on mice ear edema induced by different irritant agents. **Journal of Ethnopharmacology**, 136(3), 504-510.

Saraiva, R.A., Matias, E.F., Coutinho, H.D.M., Costa, J.G., Souza, H.H.F., Fernandes, C.N., Rocha, J.B.T., Menezes, I.R.A., 2011. Synergistic action between *Caryocar coriaceum* Wittm. fixed oil with aminoglycosides *in vitro*. **European Journal of Lipid Science and Technology**, 113(8), 967-972.

Serra, D.S., Sousa, A.M., Andrade, L.C.S., Gondim, F.L., Santos, J.E.D.Á., Oliveira, M.L.M., Pimenta, A.T.Á., 2020. Effects of fixed oil of *Caryocar coriaceum* Wittm. Seeds on the respiratory system of rats in a short-term secondhand-smoke exposure model. **Journal of Ethnopharmacology**, 252 (s/n), s/p.

Silva, L.F.B.P., Poty, J.A.C., Martins, M., Coelho, N.P.M.F., Maia-Filho, A.L.M., Costa,

C.L.S., 2016. Anti-inflammatory action of pequi oil associated to ultrasound in tendinitis in rats: macroscopic and histological analysis. **Manual Therapy, Posturology & Rehabilitation Journal**, s/v(s/n), 1-6.

Silva, M.A.P., Medeiros-Filho, S., Duarte, A.E., Moreira, F.J.C., 2014. Potencial alelopático de *Caryocar coriaceum* Wittm na germinação e crescimento inicial de plântulas de alface. **Cadernos de Cultura e Ciência**, 13(1), 16-24.

Tomiotto-Pellissier, F., Alves, D.R., Miranda-Sapla, M.M., Morais, S.M., Assolini, J.P., Bortoleti, B.T.S., Gonçalves, M.D., Cataneo, A.H.D., Kian, D., Madeira, T.B., Yamauchi, L.M., Nixdorf, S.L., Costa, I.N., Conchon-Costa, I., Pavanelli, W.R., 2018. *Caryocar coriaceum* extracts exert leishmanicidal effect acting in promastigote forms by apoptosis-like mechanism and intracellular amastigotes by Nrf2/HO-1/ferritin dependent response and iron depletion: Leishmanicidal effect of *Caryocar coriaceum* leaf exracts. **Biomedicine & Pharmacotherapy**, 98(s/n), 662-672.

Capítulo 6
Fitoquímica do Pequi

"*Por ser um fruto que contém ácidos graxos monoinsaturados, ele auxilia na redução do colesterol e retarda o processo de envelhecimento*", afirma a nutricionista."

Fernanda Lopes

Os frutos e sementes de pequi (*Cariocar coriaceum* Wittm.) são uma importante fonte de óleo fixo, constituídos de ácidos graxos saturados e insaturados (Tabela 1). A polpa (mesocarpo interno) do fruto é composta majoritariamente por ácidos graxos insaturados, com um percentual de $\cong 64\%$, seguido de ácidos saturados ($\cong 36\%$). Para o primeiro grupo, o ácido graxo majoritário foi o oleico (C18:1), e para o segundo o ácido palmítico (C16:0). Similarmente, as sementes apresentam a mesma composição lipídica, entretanto nelas, foram encontrados lipídios saturados que não estavam presentes na polpa, sendo eles nonadecanoato de metil-18-metil (C20:0), ácido docosanóico (C22:0) e ácido lignocérico (C24:0). Além disso, foi notada a ausência de ácido araquídico (C20:0) e ácido linolênico (C18:3) nas sementes, enquanto estavam presentes nos frutos.

Além de compostos do metabolismo primário, o pequi apresenta uma ampla variedade de compostos secundários. Alguns pesquisadores apontam que as folhas apresentam fenóis, flavonoides, flavonas, flavonóis, xantonas, flavononóis, taninos (pirrogálicos e hidrolisáveis), flavonanas, saponinas, leucoantocianidinas, catequinas, esteroides e alcaloides.

Os estudos fitoquímicos dos compostos fenólicos do pequi se concentram nos frutos, cascas e folhas, não sendo encontrada pesquisas que visem a bioprospecção de suas raízes e flores. Dos compostos fenólicos identificados na espécie, a rutina foi o flavonoide presente no mesocarpo interno dos frutos, nas cascas e folhas. Estes últimos são os órgãos mais estudados fitoquimicamente, sendo encontrados diversos compostos fenólicos, como a quercetina, a epicatequina, isoquercitrina, ácido gálico, ácido clorogênico, ácido cafeico e ácido elágico em extratos aquosos, hidroetanólicos, metanólicos e etanólico (Tabela 2). Tal heterogeneidade química pode ser responsável pelas atividades farmacológicas e biológicas do pequi relatadas no capítulo anterior.

Apesar do gênero *Caryocar* ser conhecido também por apresentar óleo essencial, até o dado presente não há nenhuma pesquisa enfocando atividades biológicas ou fitoquímica desse produto para a espécie *C. coriaceum* (pequi da Chapada do Araripe).

Tabela 1: Substâncias identificadas no pequi (*Caryocar coriaceum*).

Composto: Ácido palmítico
Produto: Óleo fixo
Fonte: Frutos (Mesocarpo interno e endocarpo) e sementes

Composto: Ácido oleico
Produto: Óleo fixo
Fonte: Frutos (Mesocarpo interno e endocarpo) e sementes

Composto: Ácido esteárico
Produto: Óleo fixo
Fonte: Frutos (Mesocarpo interno e endocarpo) e sementes

Composto: Ácido mirístico
Produto: Óleo fixo
Fonte: Frutos (Mesocarpo interno) e sementes

Composto: Ácido araquídico
Produto: Óleo fixo
Fonte: Frutos (Mesocarpo interno)

Composto: Ácido palmitoleico
Produto: Óleo fixo
Fonte: Frutos (Mesocarpo interno e endocarpo) e sementes

Composto: Ácido linoleico
Produto: Óleo fixo
Fonte: Frutos (Mesocarpo interno e endocarpo) e sementes

Composto: Ácido heptadecenoico
Produto: Óleo fixo
Fonte: Frutos (Mesocarpo interno e endocarpo) e sementes

Composto: Ácido eicosenoico
Produto: Óleo fixo
Fonte: Frutos (Mesocarpo interno e endocarpo) e sementes

Composto: Metil-18-metilnonadecanoato
Produto: Óleo fixo
Fonte: Sementes

Composto: Ácido linolênico
Produto: Óleo fixo
Fonte: Frutos (Mesocarpo interno)

Composto: Ácido docosanoico
Produto: Óleo fixo
Fonte: Sementes

Composto: Ácido lignocérico
Produto: Óleo fixo
Fonte: Sementes

Composto: Ácido heicosanóico
Produto: Óleo fixo
Fonte: Sementes

Composto: Quercetina
Produto: Extrato etanólico, hidroetanólico, metanólico e aquoso
Fonte: Frutos (Mesocarpo interno) e folhas

Composto: Rutina
Produto: Extrato etanólico, hidroetanólico, metanólico e aquoso
Fonte: Frutos (Mesocarpo interno), cascas e folhas

Composto: Catequina
Produto: Extrato aquoso
Fonte: Folhas

Composto: Epicatequina
Produto: Extrato aquoso
Fonte: Folhas

Composto: Isoquercitrina
Produto: Extrato aquoso
Fonte: Folhas

Composto: Ácido gálico
Produto: Extrato etanólico, hidroetanólico, metanólico e aquoso
Fonte: Folhas

Composto: Ácido clorogênico
Produto: Extrato etanólico, hidroetanólico, metanólico e aquoso
Fonte: Folhas

Composto: Ácido clorogênico
Produto: Extrato etanólico, hidroetanólico, metanólico e aquoso
Fonte: Folhas

Composto: Ácido elágico
Produto: Extrato aquoso
Fonte: Folhas

Referências bibliográficas

Alencar, J.W., Alves, P.B., Craveiro, A.A., 1983. Pyrolysis of tropical vegetable oils. **Journal of Agricultural and Food Chemistry**, 31(6), 1268-1270.

Alves, D.R., Morais, S.M., Tomiotto-Pellissier, F., Miranda-Sapla, M.M., Vasconcelos, F.R., Silva, I.N.G.D., Sousa, H.A., Assolini, J.P., Conchon-Costa, I., Pavanelli, W.R., Freire, F.D.C.O., 2017. Flavonoid composition and biological activities of ethanol extracts of *Caryocar coriaceum* Wittm., a native plant from caatinga biome. **Evidence-Based Complementary and Alternative Medicine**, 2017(s/n), 1-7.

Araruna, M.K., Santos, K.K., Costa, J.G., Coutinho, H.D.M., Boligon, A.A., Stefanello, S.T., Athayde, M.L., Saraiva, R.A., Rocha, J.B.T., Kerntopf, M.R., Menezes, I.R.A., 2013. Phenolic composition and *in vitro* activity of the Brazilian fruit tree *Caryocar coriaceum* Wittm. **European Journal of Integrative Medicine**, 5(2), 178-183.

Araruna, M.K., Saraiva, R.E.A., Nogara, P.A., Rocha, J.B.T., Boligon, A.A., Athayde, M.L., Rodrigues, L.B., Costa, R.H.S., Santana, F.R.A., Costa, J.G., Coutinho, H.D.M., Pinheiro, P.G., Wanderley, A.G., Menezes, I.R.A., 2014. Effect of pequi tree *Caryocar coriaceum* Wittm. leaf extracts on different mouse skin inflammation models: inference with their phenolic compound content. **African Journal of Pharmacy and Pharmacology**, 8(23), 629-637.

Cordeiro, M.W.S., Cavallieri, Â.L.F., Ferri, P.H., Naves, M.M.V., 2013. Características físicas, composição químico-nutricional e dos óleos essenciais da polpa de *Caryocar brasiliense* nativo do Estado de Mato Grosso. **Revista Brasileira de Fruticultura**, 35(4), 1127-1139.

Costa, J.G., Brito, S.A., Nascimento, E.M., Botelho, M.A., Rodrigues, F.F., Coutinho, H.D.M., 2011. Antibacterial properties of pequi pulp oil (*Caryocar coriaceum*–Wittm.). **International Journal of Food Properties**, 14(2), 411-416.

Dresen, H., Prasad, R.B.N., Gülz, P.G., 1989. Composition of lipids of piqui (*Caryocar coriaceum* Wittm.) seed and pulp oil. **Zeitschrift für Naturforschung C**, 44(9), 739-742.

Duavy, S.M., Ecker, A., Salazar, G.T., Loreto, J., Costa, J.G.M.D., Barbosa, N.V., 2019. Pequi enriched diets protect *Drosophila melanogaster* against paraquat-induced locomotor deficits and oxidative stress. **Journal of Toxicology and Environmental Health**, 82(11), 664-677.

Duavy, S.M.P., Silva, L.J., Costa, J.G.M., Rodrigues, F.F.G., 2012. Atividade biológica de extratos de folhas de *Caryocar coriaceum* Wittm.: Estudo *in vitro*. **Cadernos de Cultura e Ciência**, 11(1), 13-19.

Figueiredo, P.R.L., Oliveira, I.B., Neto, J.B.S., Oliveira, J.A., Ribeiro, L.B., Viana, G.S.B., Rocha, T.M., Leal, L.K.A.M., Kerntopf, M.R., Felipe, C.F.B., Coutinho, H.D.M., Menezes, I.R.A., 2016. *Caryocar coriaceum* Wittm.(Pequi) fixed oil presents hypolipemic and anti-inflammatory effects *in vivo* and *in vitro*. **Journal of Ethnopharmacology**, 191(s/n), 87-94.

Figueiredo, R.W., Maia, G.A., Figueiredo, E.A.T., 1989. Propriedades físico-químicas e composição dos ácidos graxos da fração lipídica da polpa e amêndoa do pequi (*Caryocar coriaceum* Wittn.). **Ciência Agronômica**, 20(1), s/p.

Geőcze, K.C., Barbosa, L.C.A., Fidêncio, P.H., Silvério, F.O., Lima, C.F., Barbosa, M.C.A., Ismail, F.M., 2013. Essential oils from pequi fruits from the Brazilian Cerrado ecosystem. **Food Research International**, 54(1), 1-8.

Lacerda-Neto, L.J., Ramos, A.G.B., Vidal, C.S., 2013. Serviços ecossistêmicos: o caso do *Caryocar coriaceum* Wittm. (pequi) na Chapada do Araripe. **Revista Brasileira de Biologia e Farmácia**, 9(2), 34-40.

Lima, J.R., Souza, A.C.R.D., Magalhães, H.C.R., Pinto, C.O., 2020. Pequi Kernel oil extraction by hydraulic pressing and its characterization. **Revista Brasileira de Fruticultura**, 42(5), 1-6.

Oliveira, M.L.M., Nunes-Pinheiro, D.C.S., Tomé, A.R., Mota, É.F., Lima-Verde, I.A., Pinheiro, F.G.M., Campello, C.C., Morais, S.M., 2010. *In vivo* topical anti-inflammatory and wound healing activities of the fixed oil of *Caryocar coriaceum* Wittm. seeds. **Journal of Ethnopharmacology**, 129(2), 214-219.

Passos, X.S., Castro, A.C.M., Pires, J.S., Garcia, A.C.F., Campos, F.C., Fernandes, O.F.L., Paula, J.R., Ferreira, H.D., Santos, S.C., Ferri, P.H., Silva, M.D.R.R., 2003. Composition and antifungal activity of the essential oils of *Caryocar brasiliensis*. **Pharmaceutical Biology**, 41(5), 319-324.

Pereira, F.F., Feitosa, M.K., Costa, M.D.S., Tintino, S.R., Rodrigues, F.F., Menezes, I.R.A., Coutinho, H.D.M., Costa, J.G., Sousa, E.O., 2019. Characterization, antibacterial activity and antibiotic modifying action of the *Caryocar coriaceum* Wittm. pulp and almond fixed oil. **Natural Product Research**, 34(22), 3239-3243.

Pessoa, A.S., Podesta, R., Block, J.M., Franceschi, E., Dariva, C., Lanza, M., 2015. Extraction of pequi (*Caryocar coriaceum*) pulp oil using subcritical propane: Determination of process yield and fatty acid profile. **The Journal of Supercritical Fluids**, 101, 95-103.

Quirino, G.S, Leite, G.O., Rebelo, L.M., Tome, A.R., Costa, J.G.M., Cardoso, A.H., Campos, A.R., 2009. Healing potential of Pequi (*Caryocar coriaceum* Wittm.) fruit pulp oil. **Phytochemistry Letters**, 2(4), 179-183.

Sena-Júnior, D.M., Rodrigues, F.F., Freire, P.T., Lima, S.G., Coutinho, H.D.M., Carvajal, J.C., Costa, J.G., 2010. Physicochemical and spectroscopical investigation of Pequi (*Caryocar coriaceum* Wittm.) pulp oil. **Grasas y Aceites**, 61(2), 191-196.

Serra, D.S., Sousa, A.M., Andrade, L.C.S., Gondim, F.L., Santos, J.E.D.Á., Oliveira, M.L.M., Pimenta, A.T.Á., 2020. Effects of fixed oil of *Caryocar coriaceum* Wittm. Seeds on the respiratory system of rats in a short-term secondhand-smoke exposure model. **Journal of Ethnopharmacology**, 252 (s/n), s/p.

Tomiotto-Pellissier, F., Alves, D.R., Miranda-Sapla, M.M., Morais, S.M., Assolini, J.P., Bortoleti, B.T.S., Gonçalves, M.D., Cataneo, A.H.D., Kian, D., Madeira, T.B., Yamauchi, L.M., Nixdorf, S.L., Costa, I.N., Conchon-Costa, I., Pavanelli, W.R., 2018. *Caryocar coriaceum* extracts exert leishmanicidal effect acting in promastigote forms by apoptosis-like mechanism and intracellular amastigotes by Nrf2/HO-1/ferritin dependent response and iron depletion: Leishmanicidal effect of *Caryocar coriaceum* leaf exracts. **Biomedicine & Pharmacotherapy**, 98(s/n), 662-672.

O PEQUI DA CHAPADA DO ARARIPE

Capítulo 7
Perspectivas de Conservação

"A árvore está morrendo. Vai chegar um tempo de ficar raro, porque ninguém planta."

José Taveira da Silva

De acordo com a Lista Vermelha da União Internacional para a Conservação da Natureza e dos Recursos Naturais (IUCN) (Figura 1), o pequi (*Caryocar coriaceum* Wittm.) é uma espécie vegetal ameaçada de extinção (Figura 2). Tal status de conservação é devido a uma série de fatores, tais como, extrativismo crescente, germinação, redução de animais dispersores, desmatamento e queimadas.

Figura 1. Logotipo da União Internacional para a Conservação da Natureza (UICN).

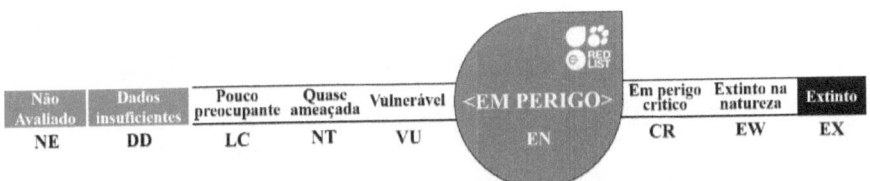

Figura 2. Classificação do pequi (*Caryocar coriaceum* Wittm.) na Lista Vermelha da UICN.

Foi visto que os frutos sofrem uma grande pressão antrópica devido serem bastante apreciados na culinária e medicina popular. Devido a esse interesse, milhares de frutos são utilizados para a fabricação de óleo e para serem comercializados *in natura*.

Dessa forma, se não houver o devido controle do extrativismo em função dos padrões de reposição, essa sobrexploração pode levar esses recursos naturais ao colapso. Pois com a pressão extrativista, a quantidade de diásporos ao final da safra reduz drasticamente no meio ambiente, o que ocasiona um baixo recrutamento de plântulas, as quais já apresentam baixa frequência e distribuição restrita no ecossistema.

Associado a este fator, como é de conhecimento popular e científico, as sementes do pequi apresentam uma germinação lenta. Tal fenômeno é devido à dormência endógena que as sementes apresentam, as quais podem levar um ano, após a sua dispersão, para germinar, de forma que ocorrerá somente na estação chuvosa seguinte. Essa germinação lenta e atrasada, acarreta nos mesmos problemas acimas destacados.

A redução de animais dispersores dos diásporos do pequizeiro é um fator pouco relatado, mas que merece a devida atenção. Pois o processo de dispersão é uma etapa essencial na regeneração de indivíduos, bem como na manutenção biológica de ambientes naturais. Dentre os dispersores naturais estão os besouros da família Scarabaeidae, os quais são conhecidos como "rola-bostas". Esses insetos usam a polpa em decomposição dos frutos do pequizeiro como recurso alimentar, diminuindo, portanto, o endocarpo espinhoso, além de soterrarem os frutos. Infelizmente esses artrópodes, por terem uma vida sedentária, são mais vulneráveis às mudanças ambientais e a sua distribuição local é fortemente influenciada pela cobertura vegetal, e como a Chapada do Araripe vem sendo constantemente sendo alvo de desmatamento e queimadas, as suas populações tendem a diminuir com essas ações antrópicas.

Além de insetos, há vertebrados que participam da dispersão, como o caso da cutia (*Dasyprocta prymnolopha*). Este roedor auxilia na disseminação das sementes, trazendo benefícios para as sementes, como a redução de ataque por predadores naturais, e para a espécie, auxiliando na colonização de novos ambientes e aumentando a variabilidade genética ao longo do espaço. Infelizmente, esses mamíferos são alvos de caçadores na região, os quais são utilizados para fins alimentícios. Com isso exposto, fica evidente que a fragmentação da floresta, associado à caça, têm reduzido a fauna local, dentre eles os dispersores do pequi.

Por fim, o desmatamento e as queimadas, são os principais fatores que aceleram esse processo de extinção da espécie. Tais práticas criminosas são utilizadas com o intuito de obter áreas de pastagem para a pecuária. Um dos maiores incêndios na Chapada do Araripe ocorreu no início de 2020, o qual atingiu cerca de 2 mil hectares de floresta. Essa destruição teve impacto direto na produção do fruto, sendo que 80% da produção foi atingida.

Dessa forma, fica evidente que essa espécie apresenta uma grande pressão, e medidas são necessárias para garantir que a extinção da espécie não ocorra. Como estratégia, há várias providências que podem ser tomadas, dentre elas, a redução da exploração dos frutos, afim de deixar alguns frutos no ambiente. Associado a este, a criação de políticas públicas que foquem a proteção dos animais dispersores de pequi, bem como maiores fiscalizações na floresta. Por fim a plantação de mudas da espécie em diversas áreas da floresta fragmentada.

Os extrativistas de pequi sabem da importância da conservação dos indivíduos existentes na natureza, visto que eles obtêm suas economias dos produtos ofertados pela espécie. Para tanto, os moradores têm algumas práticas de proteção para as árvores, como a poda de galhos mortos, a eliminação de espécies hospedeiras (epífitas), além disso abrem clareiras para os indivíduos menores sombreados, o qual maximiza a fotossíntese.

Um dos avanços na temática da conservação, foi que em 2000 o Instituto Brasileiro do Meio Ambiente e dos Recursos Naturais Renováveis (IBAMA), por meio da lei 9.985, proibiu práticas ou quaisquer atividades que impeçam a regeneração natural dos ecossistemas. Dentre as atividades proibidas está a entrada de bovinos na floresta, uma atividade amplamente utilizada pelos extrativistas, pois os animais abriam caminho na floresta, facilitando assim a coleta dos frutos dos pequizeiros.

Referências bibliográficas

Albuquerque, U.P., Gonçalves, P.H.S., Júnior, W.S.F., Chaves, L.S., Oliveira, R.C.S., Silva, T.L.L., Santos G.C., Araújo, E.L., 2018. Humans as niche constructors: Revisiting the concept of chronic anthropogenic disturbances in ecology. **Perspectives in Ecology and Conservation**, 16(1), 1-11.

Augusto, L.G.D.S., Góes, L., 2007. Compreensões integradas para a vigilância da saúde em ambiente de floresta: o caso da Chapada do Araripe, Ceará, Brasil. **Cadernos de Saúde Pública**, 23(4), 549-558.

Azevedo, F.R.D., Moura, M.A.R.D., Arrais, M.S.B., Nere, D.R., 2011. Composição da entomofauna da Floresta Nacional do Araripe em diferentes vegetações e estações do ano. **Revista Ceres**, 58(6), 740-748.

Bezerra, J.S, Linhares, K.V., Calixto-Júnior, J.T.C., Duarte, A.E., Mendonça, A.C.A.M., Pereira, A.E.P., Maria Edenilce Peixoto Batista, M.E.P., Bezerra, J.W.A., Campos, N.B., Pereira, K.S., Sousa, J.D., Silva, M.A.P., 2020. Floristic and dispersion syndromes of Cerrado species in the Chapada do Araripe, Northeast of Brazil. **Research, Society and Development**, 9(9), 1-33.

Halter, G., Arellano, L., 2002. Response of dung beetle diversity to humanin duced changes in a tropical landscape. **Biotropica**, 34(1),144-154.

Kimberling, D.N., Karr, J.R., Fore, L.S., 2001 Measuring human disturbance using terrestrial invertebrates in the shrub-steppe of eastern Washington (USA). **Ecological Indicators**, 19(2), 63-81.

Maciel, T.C.M., Marco, C.A., Silva, E.E., Silva, T.I.D., Santos, H.R.D., Freitas-Júnior, S.D. P., Alcantara, F.D.O., Chaves, M.M., 2018. Pequi (*Caryocar coriaceum* Wittm.) extrativism: situation and perspectives for its sustainability in Cariri Cearense, Brazil. **Acta Agronômica**, 67(2), 238-245.

Melo, R.S., Silva, O.C., Souto, A., Alves, R.M.N., Schiel, N., 2014. The role of mammals in local communities living in conservation areas in the Northeast of Brazil: an ethnozoological approach. **Tropical Conservation Science**, 7(3), 423-439.

Oliveira, U.C.D., Oliveira, P.S., Pinheiro, C.J.V., 2016. **Análise da concentração de focos de calor na área de proteção ambiental (APA) da Chapada do Araripe nos anos de 2010 a 2015.** In VII Congresso Brasileiro de Gestão Ambiental. Campina Grande/PB, 24(11), s/p.

Peres, C.A., Baider, C., Zuidema, P.A., Wadt, L.H., Kainer, K.A., Gomes-Silva, D.A., Salomão, R.P., Simões. L.L., Franciosi, E.R.N., Valverde, F.C., Gribel, R., Shepard-Jr., G.H., Kanashiro, M., Coventry, P., Yu, D.W., Watkinson, A.R., Freckleton, R.P., 2003. Demographic threats to the sustainability of Brazil nut exploitation. **Science**, 302(5653), 2112-2114.

Prado, D., 1998. *Caryocar coriaceum*. **The IUCN Red List of Threatened Species**.

Ribeiro, D.A., Oliveira, L.G.S., Macêdo, D.G., Menezes, I.R.A., Costa, J.G.M., Silva, M.A.P., Lacerda, S.R., Souza, M.M.A., 2014. Promising medicinal plants for bioprospection in a Cerrado area of Chapada do Araripe, Northeastern Brazil. **Journal of Ethnopharmacology**, 155(3), 1522-1533.

Santiago, D.S., Correia-Filho, W.L.F., Oliveira-Júnior, J.F., Silva-Junior, C.A., 2019. Mathematical modeling and use of orbital products in the environmental degradation of the Araripe Forest in the Brazilian Northeast. Modeling Earth Systems and Environment, 5(4), 1429-1441.

Santos, G.C, Schiel, N., Araújo, E.L., Albuquerque, U.P., 2016. *Caryocar coriaceum* (Caryocaraceae) diaspore removal and dispersal distance on the margin and in the interior of a Cerrado area in Northeastern Brazil. **Revista de Biologia Tropical**, 64(3), 1117-1128.

Silva, M.A.P., Medeiros-Filho, S., 2006. Emergência de plântulas de pequi (*Caryocar coriaceum* Wittm). **Revista Ciência Agronômica**, 37(3), 381-385.

Silva, R.R.V., Gomes, L.J., Albuquerque, U.P., 2017. What are the socioeconomic implications of the value chain of biodiversity products? A case study in Northeastern Brazil. **Environmental Monitoring and Assessment**, 189(6), 1-11.

Sobral, A., La-Torre, M.D.L.Á., Alves, R.R.N., Albuquerque, U.P., 2017. Conservation efforts based on local ecological knowledge: The role of social variables in identifying environmental indicators. **Ecological Indicators**, 81(s/v), 171-181.

Sousa-Júnior, J.R., Collevatti, R.G., Neto, E.M.F.L., Peroni, N., Albuquerque, U.P., 2016. Traditional management affects the phenotypic diversity of fruits with economic and cultural importance in the Brazilian Savanna. **Agroforestry Systems**, 92(1), 11-21.

Sousa-Júnior, J.R., Santos, G.C., Campos, L.Z.O., Sousa, R.S., Cordeiro, P.S., Almeida, A.L.S., Cavalcanti, M.C.B., Albuquerque, U.P., 2015. O pequi (*Caryocar coriaceum* Wittm. - Caryocaraceae) na Chapada do Araripe. In: Albuquerque, U.P., Meiado, M.V. (org.). **Sociobiodiversidade na Chapada do Araripe**, Recife: NUPEEA, 535 p.

O PEQUI DA CHAPADA DO ARARIPE

Sobre o autor

Weverton Kariri

Weverton Kariri, natural de Iguatu – CE, sempre foi um admirador da cultura popular nordestina. Criado na cidade de Quixelô – CE, desde sua infância teve contato com elementos culturais regionais por meio do Instituto Cultural e Econômico de Quixelô (ICEQUI). Tornando-se então, um difusor da cultura regional. Um amante da fotografia, música e literatura

Academicamente, é licenciado em Ciências Biológicas pela Universidade Regional do Cariri (URCA), sendo especialista em Microbiologia pela Faculdade Venda Nova do Imigrante (FAVENI) e Mestre em Biologia Vegetal pela Universidade Federal de Pernambuco (UFPE).

Atualmente é doutorando em Biologia Vegetal (UFPE), no qual trabalha com atividades biológicas de plantas medicinais da Caatinga, dentre elas o pequi (*Caryocar coriaceum* Wittm.). Como destaque de suas produções científicas estão os artigos "*Chemical composition and toxicological evaluation of Hyptis suaveolens (L.) Poiteau (LAMIACEAE) in Drosophila melanogaster and Artemia salina*" e "*Evaluation of antiparasitary, cytotoxic and antioxidant activity and chemical analysis of Tarenaya spinosa (Jacq.) Raf. (Cleomaceae)*" ambos publicados na *South African Journal of Botany*.

Além disso, é revisor de diversos periódicos internacionais, dentre eles a *Revista Cubana de Plantas Medicinais*, *Phytochemistry*, *Asian Journal of Biotechnology and Bioresource Technology* e *Asian Pacific Journal of Tropical Biomedicine*.

Na sua obra de estreia, o autor frisa que prefere ocultar seu rosto diante de um mundo extremamente midiático. Ele afirma: "*eu simplesmente gosto de ser uma obra*", ele não quer sua imagem ligada às suas obras. Essa inspiração é oriunda da cantora e diretora *Sia Furler*.

www.ingramcontent.com/pod-product-compliance
Lightning Source LLC
Chambersburg PA
CBHW031535210526
45464CB00003B/1026